东方百合

亚洲百合

麝香百合

百合鳞茎之一

百合鳞茎之二

百合植株

宁海紫山药

淮山药基地

佛手山药基地

扁山药

佛手山药

圆山药

长山药

百合·山药

魏章焕　许燎原　主编

中国农业科学技术出版社

图书在版编目(CIP)数据

百合·山药 / 魏章焕,许燎原主编.—北京:中国农业科学技术
出版社,2017.4

ISBN 978 - 7 - 5116 - 3012 - 4

Ⅰ.①百… Ⅱ.①魏…②许… Ⅲ.①百合-介绍②山药-介绍
Ⅳ.①S644.1②S632.1

中国版本图书馆 CIP 数据核字(2017)第 052124 号

责任编辑	崔改泵
责任校对	李向荣

出　版　者	中国农业科学技术出版社
	北京市中关村南大街 12 号　邮编:100081
电　　　话	(010)82109194(编辑室)　(010)82109702(发行部)
	(010)82109709(读者服务部)
传　　　真	(010)82106650
网　　　址	http://www.castp.cn
经　销　者	各地新华书店
印　刷　者	北京科信印刷有限公司
开　　　本	889mm×1194mm　1/32
印　　　张	5.25　**彩插** 4 面
字　　　数	136 千字
版　　　次	2017 年 4 月第 1 版　2017 年 8 月第 3 次印刷
定　　　价	25.00 元

《百合·山药》
编委会

前　　言

　　百合与山药，分属百合科与薯蓣科，均为药食兼用型作物，营养成分丰富。近年来，随着人们消费观念和饮食结构的改变，百合与山药越来越受人们喜爱。目前，国内各产区多已将这两种作物列为当地农业产业开发的重要内容，其销售价格也节节攀升，种植效益十分可观。两者的营养价值、药用价值、抗病机理和百合的观赏价值已受到国内许多高等院校、科研单位及相关企业的关注。据不完全统计，仅 2008 年 1 月至 2016 年 9 月间，百合开发的专利申请量就达 688 项。

　　百合花色美丽、鳞茎营养丰富，富含秋水仙碱等多种生物碱及淀粉、蛋白质、脂肪、胡萝卜素和多种维生素。现代医学研究证明，百合中所含的百合苷 A（$C_{10}H_{20}O_9$）和百合苷 B（$C_9H_{18}O_8$）都属于抗癌性植物碱。山药肉质鲜嫩，黏液汁多，口感软糯，营养丰富，含有大量的蛋白质、钙质和锌、铁、磷等多种微量元素。其食疗作用极佳，能补脾养肾，生津益肺，补肾涩精，久食之可耳聪目明，延年益寿。现代医药学研究表明，山药除营养素含量较为全面外，还含多种具有药用和保健功能的化学成分，如山药多糖、糖蛋白、尿囊素、胆碱、薯蓣皂甙及其甙元薯蓣皂素、山药碱、多巴胺、3,4 - 二羟基苯乙胺、胆甾醇、麦角甾醇、油菜甾醇、β - 谷甾醇、淀粉酶及多酚化酶等多种活性成分，尤其是山药多糖，实验研究表明具有调节人体免疫功能、调节血糖、抗氧化、抗衰老、抗肿瘤等多种作用。开发这两种药食兼用型作物，前景广阔。

作者长期在浙江省宁波市从事农业技术推广工作，本着丘陵山地推进发展百合与山药等药菜兼用作物的意愿，在总结本地生产经验基础上，搜集百合、山药的有关资料，编著了这本科普图书《百合·山药》，期望通过本书的出版发行，对百合与山药的产业发展和深层开发起促进推动作用。

全书分两篇，第一篇为百合篇，第二篇为山药篇，分别概述了百合与山药的起源与分布、食用价值与药用保健价值、功能及有效成分；简要介绍了生物学特性及对环境条件的要求、主栽模式与栽培技术、繁殖方法和开发利用等。全书共 13.6 万字，在编写上文句深入浅出，适宜广大专业户和相关技术人员学习参考。

由于编写时间局促，经验不足，书中定有不当之处，敬请读者指正。

编　者
2017 年 3 月

目　　录

第一篇　百合

第一篇　百　合

第一章 百合概述

第一节 百合的起源与分布

一、百合的起源

百合是百合科百合属多年生草本球根鳞茎植物,主要分布在亚洲东部、欧洲、北美洲等北半球温带地区,有少数产于南半球的寒带及热带,我国各地多有分布。百合的花期在6—8月,花朵侧生在花梗的顶端,形状像喇叭。百合的地下茎呈鳞状,层层鳞片互相叠合,所以人们称之为百合。

据考古研究证明,百合类植物起源于北极圈附近的岛屿。在地质史第三纪时,地球温度逐渐变冷,百合属植物被迫一步步向南推移;到冰河时期,这种变冷达到顶点,以后百合属植物分别在能栖息的各种生态环境中生存下来,形成了人类史前的分布状态。

百合是公认的吉祥物,西方人以百合为圣洁象征,是祥瑞之物。据传大约公元1 000年前,以色列国王所罗门的寺庙柱顶上,就以百合花作装饰。

德国关于百合还有一个古老而美丽的传说。相传一个名叫爱丽丝的姑娘,陪伴着母亲住在哈尔兹山区。有一天,劳莫保大公爵乘马车路过此地,看见了爱丽丝,竟以为是仙女下凡,立即邀请她一起回城。他以为自己是大公爵,权大势大,可以蛮不讲理,岂料爱丽丝竟执意不肯。大公爵哪肯罢休,拉着姑娘不放。姑娘惨叫,呼天保佑,忽然一阵神风,姑娘不见了。却从姑娘站的地方,篁起一株百合花,放出阵阵清香。这就是外国传说的百合花的来历。百合花代表纯洁、尊敬,尤其是白色的百合,最受推崇。

二、百合的分布

(一)百合在世界各地的分布

百合原产自然种主要分布在亚洲、欧洲、北美洲。按其起源分别称为:亚洲百合原种、欧洲与西亚百合原种、北美洲百合原种等。

1. 亚洲百合原种

亚洲百合原种又可分为印度百合原产种、缅甸北部及阿萨姆邦南部百合原产种、泰国和越南百合原产种、菲律宾百合原产种、琉球群岛及库页岛百合原产种、朝鲜半岛百合原产种、俄罗斯远东地区百合原产种、中国百合原产种等。

印度百合原产种中,南部的主要品种为尼尔基里百合 1 种;北部主要品种为紫斑百合、多叶百合、沃利夏百合和荞麦叶大百合,共 4 种。

缅甸北部及阿萨姆邦南部百合原产种中,主要品种为滇百合、曼尼浦尔百合、淡黄花百合、披针叶百合和荞麦叶百合 5 种。

泰国和越南百合原产种中,主要为波氏百合和披针叶百合 2 种。

菲律宾百合原产种中,仅一个品种,即菲律宾百合。

琉球群岛及库页岛百合原产种中,主要品种有天香百合、琉球条叶百合、毛百合、日本百合、大花卷丹、麝香百合、轮叶百合、香花丽百合、红点百合、美丽百合、卷丹和心叶大百合,共 12 种。

朝鲜半岛百合原产种中主要品种为朝鲜百合、条叶百合、垂花百合、渥丹、毛百合、东北百合、汉森百合和轮叶百合,共 8 种。

俄罗斯远东地区百合原产种中主要品种为山丹、毛百合和轮叶百合,共 3 种。

2. 欧洲与西亚百合原产种

欧洲主要品种有珠芽百合、白花百合、红花巴尔干百合、加尔西顿百合、欧洲百合、绒球百合和比利牛斯百合,共 7 种。

高加索与西亚百合原产种中,主要品种有凯塞利百合、莱氏百合、欧洲百合、高加索百合、黑海百合、斯佐百合和多叶百合,共 7 种。

3. 北美洲百合种分布概况

北美洲东部或大西洋沿岸与中部百合原产种中,主要品种有加拿大百合、卡氏百合、格雷百合、彩虹百合、卡罗来纳百合、密执安百合、费城百合和沼泽百合,共 8 种。

北美洲西部或太平洋沿岸百合原产种中,主要品种有嵌环百合、哥伦比亚百合、汉博百合、凯洛百合、海滨百合、依斯伍德百合、希望百合、豹斑百合、帕里百合、内华达岭脊百合、费城百合、变红百合、沃尔梅百合和华盛顿百合,共 14 种。

(二)百合在中国的分布

中国是百合的主要原产地之一,中国百合的主要产区有湖南邵阳、江苏南京和宜兴、江西万载、浙江湖州、山东莱阳、甘肃兰州等地。我国是野生百合资源最多的国家,也是百合栽培开发利用最早的国家,历史非常悠久,且种类丰富,特有种多。世界上目前已正式定名的百合有 85 种之多,仅中国就占 47 种以上,分布范围北起黑龙江,西至新疆,东南达台湾,西南到云南。从山东半岛到华中地区,从黄河流域到长江流域,从祖国大陆到宝岛台湾,各地均有百合分布,中国是名副其实的百合种植物自然分布中心。

中国早在 1 400 多年前,百合就有庭园栽培。经史料考证,南北朝的梁宣帝曾称赞百合花是:"接叶多重,含露低垂,从风偃柳。"《千金翼方》(公元 581—682 年)中记述的百合栽培法已很详细:"上好肥地加粪熟属介讫,春中取根大者,擘取瓣于畦中种,如蒜法,五寸一瓣种之,直作行,又加粪灌水苗出,即锄四边,绝令无草,春后看稀稠所得,稠处更别移亦得,畦中干,即灌水,三年后其大小如芋,又取子种是得,一年以后二年始生,甚小,不如种瓣。"《本草纲目》中也提到了按徐锴《岁时广记》:"二月种百合……"的栽培方法。

中国在西南部(主要是云南和四川西部)的百合原产种中,主要品种有玫红百合、滨百合、野百合、川百合、宝兴百合、绿花百合、墨江百合、乳头百合、大理百合、丽江百合、岷江百合、松叶百合、文山百合、单花百合、通江百合、蒜头百合、乡城百合、开瓣百合、光被百合、马唐百合、小百合和淡黄花百合,计 22 种。

西藏百合原产种中,主要品种有卓巴百合、紫斑百合、藏百合和多叶百合,共 4 种。

华中及西南部分区域百合原产种中,主要品种有紫红花百合、滇百合、野百合、渥丹、川百合、绿花白合、湖北百合、宜昌百合、金佛山百合、药百合、会东百合、南川百合和蝶花百合,共 13 种。

西北部百合原产种中,主要品种有野百合、川百合、宜昌百合、宝兴百合、新疆百合和山丹,共 6 种。

中东部百合原产种中,主要品种有野百合、渥丹、山丹、卷丹、青岛百合和安徽百合,共 6 种。

东北地区百合原产种中主要品种有毛百合、渥丹、山丹、垂花百合、条叶百合、卷丹、朝鲜百合、董氏百合和东北百合,共 9 种。

东南地区百合原产种中,主要品种有野百合、台湾百合、药百合和麝香百合,共4种。

据考证,现在欧洲栽培的百合,有些是从我国移植过去的。比如,英国人称为的"布隆氏百合花",就是东印度公司在广州的英国商人布隆,在100多年前将我国的百合花带回去栽培而发展起来的。著名的王百合,是20世纪初英国人威尔逊从我国四川采种,在美国波士顿栽培成功,以后又引进日本,现在已成为驰名世界的优良种类。

但是,中国原产百合种质资源也面临多种危机:一是来自人类的直接威胁。如中国经济建设速度加快,人口不断增加,百合种质资源受到人为破坏,百合的生存繁衍受到了严重影响,导致百合自然种群数量减少,分布区域缩小,有的原种几乎绝灭。二是来自其他因素的间接威胁,如动、植物种群向不利于原有百合生存方向改变(过度放牧),大量的商用种球不断从国外引入可能携带的病虫害,气候条件的变化,生态环境的恶化等,均增加对原有百合生存的威胁。据有关方面统计,现在至少有5种以上的中国百合原产种,处于极度濒危状态,如原产于四川西部、云南西北部的墨江百合、紫花百合,原产于四川的乡城百合及产于四川木里、云南、西藏的瓣百合,原产于吉林的条叶百合已基本绝迹。

第二节 百合的食用与药用保健价值

百合用途广泛,它的花朵不仅因为具有极高的观赏价值而被称为鳞茎鲜切花之王,而且其鳞茎还可供食用、药用等。

一、百合的食用价值

百合鳞茎营养丰富。在我国,百合具有悠久的食用历史,大约在唐代已有栽培百合的记载。王勴著《百合花赋》中说"荷春光之余煦,托阳山之峻趾,比其荚之理连,引芝芳而自凝……"可以肯定,食用百合的栽培至少在唐代就已开始,当时的人们不仅欣赏其花色之美丽,还喜食其鳞茎。宋代林洪在《山家清供》中提到百合的食用方法,可和面作汤饼,可蒸熟以佐酒。现代以百合制作百合羹,百合干、百合粉、百合晶、百合饮料等也较为常见。

二、百合的药用价值

百合医药用途广泛。其鳞茎含秋水仙碱等多种生物碱及淀粉、蛋白质、脂肪等。麝香百合的花药含有多种类胡萝卜素,其中顺花药黄质酯占 $91.7\%\sim94\%$。卷丹的花药含水分 2.68%、灰分 4.17%、蛋白质 21.29%、脂肪 12.43%、淀粉 3.61%、还原糖 11.47%,每百克卷丹的花粉中还含维生素 B_1 $443\mu g$(微克)、维生素 B_2 $1829\mu g$(微克)、泛酸 $306\mu g$(微克)、维生素 $C21.2mg$(毫克),并含有 ß-胡萝卜素等。卷丹的叶和鳞茎含麝香百合苷。百合苷 $A(C_{10}H_{20}O_9)$ 和百合苷 $B(C_9H_{18}O_8)$ 是抗癌性植物碱。

明代李时珍著《本草纲目》(1578年)中,对百合的药性作了较详细的记述:"百合之根以众瓣合成也,或云专治百合病,故名亦通""味甘平无毒,主治邪气、腹胀、心痛、利大小便、补中益气、去腹肿胀,痞满寒热,通身疼痛及乳难喉痹,止涕泪,百邪鬼魅涕泣不止;除心下急满痛,治脚气热咳,安心定胆益志,养五脏;治癫邪狂叫惊悸,产后血狂运,杀虫毒气,肋痛发背诸疮肿心急黄,宜蜜蒸食之用,捣粉面食。可温肺治嗽"。

百合性平、味甘,归心、肺、胆、小肠、大肠五经;有润肺止咳、养阴消热、清心安神之功效。适宜用于体虚肺弱、慢性支气管炎、肺气肿、肺癌、放化疗者。但对因风寒而咳嗽、脾胃虚寒、大便稀薄者忌服。

现代医学研究证明,百合中含有抗肿瘤物质——硒和秋水仙碱,可用于治疗肺、鼻咽、皮肤、乳腺、宫颈、淋巴等肿瘤以及白血病。特别是在对这些肿瘤进行放射治疗后,出现体虚乏力、口干心烦、干咳痰少甚至咯血等症状时,用鲜百合与粳米一起熬粥,再调入适量冰糖或蜂蜜共食之,对于增强体质、抑制肿瘤细胞生长、缓解放疗反应具有良效。以鲜百合与白糖适量,共捣敷患外,对皮肤肿瘤破溃出血、渗水者,也有一定的疗效。非典流行期间,专家推荐百合为预防非典健肺食物。在《拒绝SARS——吃出一个强健的肺》一书中,列举了142种健肺食物,其中就有17种以百合为主制做的食物。

百合药用配伍案例很多,较为知名的有如下几种。

1. 配款冬花

润肺止咳,一润一降,适宜肺虚燥咳,主治久嗽不止,劳嗽喘咳不已,痰中带血之症。

2. 配天门冬

润肺之中有滋胃之功,清肺之中有敛肺之力,故无论阴伤肺燥,或肺肾阳虚,或肺阴不足兼肺气损伤者,均可选用。

3. 配鸡子黄

既能滋阴润燥,又可宁神定志,使心阴得养则心神自宁,心神得安则心阴可救。

4. 配知母

一润一清,一补一泻,共奏润肺清热,宁心安神之效,主治阴虚或温热病后余热未消,以致头昏、心烦不安、失眠等症,或由情志不遂所致精神恍惚、不能自制等症。

5. 配地黄

清心安神,气血同治,主治热病后余热未清、精神恍惚、行止坐卧不安。

6. 配玉竹

二者皆为甘寒之品,具清肺养阴,清热生津之效,相须使用,常互增其疗效,然百合尚归心经,具清心安神之效,可用于虚烦惊悸、失眠多梦之症,为治病之要药。

7. 配枸杞子

二者皆有滋阴润燥、润肺止咳之效,可治肺热久咳、痰中带血之症。但百合入心经,具清心安神之效;枸杞子入肾,功专滋补肝肾、清肝明目,可用治肝肾阴虚、头晕目眩、视力下降、腰膝咳软、遗精消渴等症。两者配用效果甚好。

此外,百合除食用、药用外,还有观赏价值。我国古代君主与诗人早有颂扬百合花姿优美的诗词,南北朝时陈宣帝及宋代陆游等都有不少名句歌颂百合。百合的观赏用途:一是用于庭院展示。即将百合布置成专类花园,利用不同种类、品种的自然花期差异、植株高矮的不同、花型花色变化的特点,精心设计栽植,供游园观赏。设计者可根据植物配置、庭院灌木选择、百合品种、岩石、多种花卉进行合理配置。二是用于切花百合。百合鲜切花目前被广泛用于宗教活动、婚礼庆典、社交宴会等多种场合。而且,我国早就有用百合花表示纯洁与吉庆的风俗,以百合的名称寓意百事合意、百年好合、大吉大利等。

第二章　百合的生物学特性

第一节　百合的植物学特征

一、根

百合类的根是由茎根和基根组成(图 2 - 1)。茎根,又称上根,是由埋在土壤中的茎秆所生,分布在土表之下,起支撑整个植株和吸收水分、养分的功能,其寿命为 1 年。基生根,又称下根,是从鳞茎基部产生,多分枝,这类根粗壮,生长旺盛,是百合类吸收水分、养分的主要器官,其寿命 2 至多年。因此在种植百合

图 2 - 1　百合的根

的时候宜深埋,大致深度应为种球的 3 倍。这样才有利于茎根的生成。

二、茎

百合的茎可分为鳞茎和地上茎。

(1)鳞茎。鳞茎埋在地下,由鳞状叶(鳞片)和短缩茎组成

图 2-2　百合鳞茎

（图 2-2）。百合鳞茎是茎基部膨大变化的部分，在鳞茎盘上分层着生数十枚鳞片，形成球形、扁球形、卵形、长卵形、椭圆形、圆锥形等，鳞茎形状因种类、土壤质地、栽培技术、生长年龄不同而异。鳞茎无外皮包被，其颜色因种类、品种不同而异，有白色、黄白色、黄色、橙黄色、紫红色等。鳞茎的大小也千差万别，小的周径 6cm，重量 7～8g；大的周径 24～25cm，重量在 100g 以上；特大的周径为 34～35cm，重量在 350g 左右。鳞片为椭圆形、披针形至短圆状披针形，有节或无节，肉质，自外向内，鳞片由大变小，鳞茎是贮藏营养物质的器官，其中水分占 70%、淀粉占 23%，还含有少量的蛋白质、无机物、纤维素、脂肪等。百合鳞茎鳞片数量多少与形成的叶片、花朵数目成正比，即鳞片越多，形成的叶片、花朵就越多；去除新球鳞片会加速新球的萌发，但也会降低以后器官的形成和增大的速度，降低叶片和花朵的数目，延迟开花。

（2）地上茎。地上茎由茎盘的顶芽伸长而成，不分枝，直立，坚硬，绿色或紫褐色（图 2-3）。

图 2-3　百合的地上茎

三、叶

百合的叶全缘,无叶柄和托叶,为不完全叶(图 2-4)。多散生,稀轮生,有披针形、矩圆状披针形、矩圆状倒披针形、条形或椭圆形等不同形状,先端渐尖,无柄或有短柄,全缘。叶大小因栽培条件、品种而异,叶片数目 50～150 枚(因栽培条件、品种、处理时间而异),具 1～7

图 2-4　百合的叶

条叶脉,其中中脉明显,侧脉次之,在叶表凹陷。叶色有黄绿色、绿色、浓绿色等,具光泽,一般叶片角质较发达。

四、花

百合花单生或呈总状花序排列,苞片叶状但较小(图 2-5)。花下垂、平伸或向上。卷丹(L. lanclfoilum)的花形为反卷(花被 2/3 反卷)形;亚洲百合(Aisiatchybrids)为杯形,先端微反卷;东方百合(oirentalhybrids)为漏斗形,先端 1/3 向外反卷。花的被片 6 枚,2 轮,离生,由 3 个花萼片和 3

图 2-5　百合的花

个花瓣组成,花萼片比花瓣稍狭,均为椭圆形,基部具蜜腺;许多品种花被片基部具有大小不同的斑点或斑块;雄蕊6枚,中部与淡绿色的花丝相连,呈"T"形,花丝明显短于花柱,花柱细长,柱头膨大,3裂,子房上位,中轴胎座。花色丰富多样。

五、子球和珠芽

绝大多数百合在茎基附近产生子球(图2-6),其数目随品种、栽培条件而异,子球的周径为0.5~3.0cm。

卷丹及其杂交品种,在地上叶腋处产生珠芽(图2-7)。珠芽的形状为圆形或卵圆形,成熟后呈紫色,周径0.5~1.5cm。

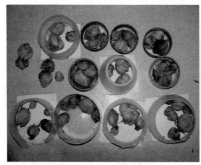

图2-6 百合的子球

图2-7 百合珠芽

六、果实

百合花的果实为蒴果,每个蒴果可产生数百枚种子,3室裂,种子多数,扁平,周围具有膜质翅,形状半圆形、三角形或长方形(图2-8)。种子大小、重量、数量因种类而异(图2-9)。卷丹种子千粒重为4.8g。亚洲百合、东方百合种子的重量因品种而异。形状基本相似。

图 2 - 8 百合果实

图 2 - 9 百合种子

第二节 百合的生长发育特性

（一）自然生育期

百合的自然生育期可以分为 4 个阶段。

1. 发芽期

从种球的下种、发芽,到叶片的开始生长,这个阶段主要是利用种球所贮藏的养分。

2. 生长期

叶片生长到露出花蕾,这个阶段叶片生长旺盛,光合产物开始由地上部分向地下部分转移。

3. 开花期

从开花一直延续到花朵凋谢,这个阶段不管是地上、地下部分,还是整株的干重都在迅速增加,母球的干重比其他器官增长更快。

4. 种子成熟期

从花朵凋谢到采收,这个阶段植株的生长已经停止,只有子鳞茎的干重还在增加。

（二）亚洲百合、东方百合生长发育习性

1. 鳞茎特性的演替

百合的鳞茎可视为大的营养体,从形态发育上看则为植株的缩影。一个老鳞茎由鳞茎盘、老鳞片和新鳞片和初级茎轴、次级茎轴、新生长点组成。鳞茎是多世代的结合体,因此其发育质量受多代至少是 2 个世代环境条件和栽培管理的影响,鳞茎大小常以周径或重量为衡量标准,鳞片数目多并且生长得充实,则鳞茎质量就好。切花生产用的种球必须是由子鳞茎培育成的大鳞茎,即头年没有开过花的鳞茎,周径通常在 12cm 以上。

2. 亚洲百合与东方百合生活周期

百合生长发育阶段可分为抽茎、显蕾、开花、结实、枯死。打破休眠的鳞茎种到土里,发芽露出土面所需 2 周左右时间。如果低温处理不完全或生长在较低温度下会延长到 5 周。由抽茎到显蕾依品种及生长温度而定,2～8 周。显蕾到开花为 4～7 周,品种间差异小,而温度影响比较大,有 2 周左右变化范围。亚洲百合（Aisiatchybrids）从定植到开花一般在 12 周左右,但有的品种只需要 10 周。东方百合（Oirenatlhybrids）从定植到开花,一般要 16 周左右,但有的则需要 20 周或更长。

百合为假单轴茎,是由短缩营养芽抽生而成。实际在鳞茎里面百合茎轴分为初级茎轴和次级茎轴,初级茎轴顶端为短缩营养芽;次级茎轴位于短缩营养芽与新麟片之间,数目有 1～3 个,为下代子球发育中心,带有少数叶原体,特定发育为子球的新鳞片。

百合打破休眠后,初级茎轴在侧芽上方,茎轴为第一伸长区,将短缩芽顶出土面,其上叶片开始展开,说明茎上叶片在子球内已大量形成,在采收时其数目已固定,采收后或低温处理中虽然可能会继续再生叶原体,但其数目有限。

百合植株高度决定于叶片数及节间长度。叶片数受品种、前季生长条件及低温处理和生长调节剂的影响,但因短缩芽叶原体数目在定植前已固定,因此栽培株高仍由节间长度来决定。弱光、长日照、低温及冷藏前处理均能促进节间伸长;反之,强光、短日照及高温则抑制节间伸长。亚洲百合在低温前处理不足或贮藏过长,均会造成植株矮化,切花生产因株高不够会影响切花品质。

(三)不同类型鳞茎休眠及打破休眠的方法

百合切花栽培中首先要解决的技术问题是打破鳞茎休眠,因未解除休眠的鳞茎种植后会导致发芽率不高和盲花出现。亚洲百合鳞茎的休眠期为2~3个月。低温处理打破休眠是目前最有效的方法,一般品种在5℃低温冷藏条件下,经4~6周处理即可解除休眠。但有些品种需要6~8周或更长时间才能解除休眠。东方百合一般为长需冷性,至少需要处理10周以上。同一品种百合,低温处理时间愈久,则从定植到开花所需时间愈短,根据这个原理,可确定开花期,同时决定百合定植期。但不是无限期的处理,如果休眠期已打破,百合鳞茎已开始发芽,再继续处理对花的发育会有影响。

第三节 百合对环境条件的要求

一、适宜的栽培环境是百合优质稳产高产的前提

百合原产东南亚,为多年生草本植物,耐寒性强,耐热性差,喜凉爽湿润气候,忌干冷与强烈阳光,短日照会抑制花芽分化。但也有品种如卷丹百合则性喜温暖、干燥的气候条件,也较耐日光照射。有研究表明,百合生长要求年日照时数2 200h左右,年降水量500ml以上,日照百分率52%以上,生长期日平均日照

时数 10h 以上;最适气温 20～29℃,最适相对湿度 80％～85％,生长阶段 0℃以上积温为 1 900～2 700℃,无霜期 120d;百合地上枝叶不耐霜冻,早霜冻易使茎叶枯死;地下茎耐寒,-8℃时能安全越冬;百合根部不耐湿,对土壤适应性较强,以疏松、肥沃、排水良好的沙壤土为好,pH 值在 5.5～6.5,土壤湿度一般在 12％～15％(相对湿度 60％)为宜,否则易造成鳞茎腐烂。

栽种百合花,北方宜选择向阳避风处,南方可栽种在略有遮阴的地方。

百合栽培,除了要有优质的种球外,还要求在百合生长的整个过程中,按照不同品种对生长环境的要求进行严格控制,才能生产出株型较好、质量较高的百合产品。如果条件控制不好,不但会影响百合的株型,严重时还会影响植株生长,甚至无法正常开花。

1. 大棚选择

一个好的生长环境能保证百合的正常生长。在荷兰,百合栽培中一般都有适宜的温室,并且具有能够保持温室处于适宜的气候条件(光照、温度、通风和空气环流)的各种设施。而在国内百合栽培中,由于各地气候条件和栽培水平的不同,大棚的设施千差万别,有独立大棚,也有连栋大棚。为确保百合有一个优良的生长栽培环境,各地应根据气候条件和经济条件灵活选择大棚的类型并合理配置相应的设施。如果在夏季需要降温或遮阴,冬季需要加温或加光时,则应配备好基本的加温、降温设施和适宜的灌溉设施。

2. 温度

温室内的温度控制对提高百合花品质十分重要。在定植后3 周或至少在茎根长出之前,土壤温度必须保持 12～13℃的低温,以利于茎生根的生长发育。温度过低会延长生长周期,而温度高于 15℃,则会导致茎生根发育不良而使产品质量下降。在这个阶段,种球主要靠基盘根吸收水分、氧气和营养。当茎生根开始生长后,新的茎生根很快就会代替基盘根为植株提供 90％的水分和营养。所以要想获取高质量的百合,茎生根的发育状况十分重要。好的茎根标准是:颜色呈白色且根毛多。生根过后,东方百合的最佳温度为 15～17℃,但在白天,温室内温度会上升到 25℃,还可以承受,但若温度低于 15℃,则可导致落蕾和黄叶。

大棚温度的调节,可以通过加热系统来进行控制。加热系统有多种形式,可以是燃油(煤)热风机加温,或热水管道加温、或蒸汽管道加温等,也可以在地床下安装管道或软管(最高温度40℃)等加热系统。加热系统的功率一般为每小时每立方米220W,各地应根据具体情况加以选择。利用热水管道加温,热分布较均匀、运行安全性好,但管道加热往往升温较慢。采用燃油热风机加温较方便,但必须保证系统的热分布能够均匀。此外,还要有一个合适的出口使燃烧的气体能自由排出。如果燃烧的气体在温室内积聚,乙烯和一氧化氮气体都会引起百合落芽或生长不良。

3. 通风和相对湿度

百合生长适宜的相对湿度是 80％～85％。相对湿度应避免太大的波动,变化应缓慢进行,否则会引起胁迫作用,使敏感的栽培品种焦叶。温度和相对湿度都可以通过通风、换气、遮阴、浇水、加热等措施来加以调控,而且两者往往会同时变化。在温和、少光、无风、潮湿的气候条件下,相对湿度通常很高,必须加强通风以降低相对湿度。冬季通风最好在室外相对湿度较高的早晨进行。

要充分注意夏季通风的重要性。试验表明,在少雨的地区,夏季露地种植百合,其茎秆、花苞的质量都要比通风不良、遮阴过度的大棚内种植得要好。但要注意的是:下雨时最好能临时盖膜挡雨,以免雨水伤害百合的茎秆、叶片、花苞。如果夏天温度很高,也可配备湿帘通风系统来改善大棚内的环境,但此项投资较大。在温室的靠北面的墙上安装上专门的厚度为10～15cm的纸制湿帘,在对应的温室墙面上安装大功率排风扇,使用时必须将整个温室封闭起来,开启湿帘水泵使整个湿帘充满水分,再打开排风扇排出温室内的空气,吸入外间的空气,外间的热空气通过湿帘时因水分的蒸发而使进入温室的空气温度较低,从而达到降低温室内温度的目的。要注意:采用湿帘通风降温的温室长度应严格控制在40m左右;空气湿度低的地区采用湿帘通风降温的效果比空气湿度高的地区使用效果好。也可以采用微雾系统来降温,但由于湿度太大,降温效果往往不尽人如意。因此,在湿度大、气温高的地区,比较可行的降温、降湿方法只能是加强通风配以适当的遮阴,这样可以降低叶片表面的温度和湿度,使植株生长健壮。要保证大棚周围通风顺畅,应尽可能提高裙部的高度,以加强通风。

4. 光照

亚洲百合对光照不足非常敏感,但各品种间有很大差异。麝香百合较亚洲百合敏感性小,东方百合最不敏感。

光照会直接影响百合的生长、发育和开花。光照不足时植株会由于缺少足够的有机物而生长不良、茎秆细软叶片薄、茎叶弯曲向光、花苞细弱色淡,严重时还会引起落蕾落苞和瓶插寿命的缩短。光照过强会抑制植物的光合作用。光照还提高了介质温度,会加快植物的生长和茎的伸长。

光照调节可以通过夏季遮阴和冬季加光等方式来进行。在华东地区种植百合,通常情况下不需要加光;北方地区冬季栽培

时,光照不足可考虑用每 10m² 装一盏配有专用反光面的 400W
太阳灯来加光。而且最好选择对光线不很敏感的品种,种球之
间要种得稀一些。

夏天温度过高、光照过强时要遮阴,以避免高温强光给植株
生长造成的危害。遮阴直接影响温室内的温度、湿度和光照条
件。在光照强度大的月份,温室内的温度可能迅速上升。在这
种情况下,适当遮阴是有必要的。尤其在种球刚下地的前 3 周,
需要遮去较多的光照。但要注意防止遮阴过度,因为遮阴过度
将导致光照不足。

遮阴可以采用遮阴网,国外也采用在薄膜上刷白灰的方法,
但国内不常用。

5. 二氧化碳气体

空气中二氧化碳含量一般为 300ppm 左右,如果能提高大
棚中二氧化碳浓度到 1 000ppm 左右,则能显著促进百合的生
长,植株变得更壮、更绿,落芽的概率更小。

二、环境对不同类型百合花发育的影响

在自然条件下,多数百合花芽分化时间在春季 3—4 月份,
通常经过 1～2 个月就完成分化全过程。亚洲百合多属于这种
情况,而且是一发芽就开始花芽分化。原因是亚洲百合鳞茎内
的短缩芽对低温很敏感,如经 5℃ 处理 4～6 周的鳞茎,定植
10～14d 短缩芽生长点就开始形成小花原体,每一小花原体伴
生 1～2 个叶原体。如果经低温处理打破休眠的鳞茎,再延长贮
藏,则在种植之前就会抽茎并花芽分化,不及时种植会对花芽发
育不利,故冷冻处理的百合在短缩芽末伸出鳞茎之前或小于
1cm 时就要种植。东方百合于鳞茎发芽生长 1 个月后,才开始
花芽分化,这也是东方百合生育期长的原因。

在自然条件下,也有少数百合花芽分化时间,在当年秋季

9—10月开始,到年底就完成花芽分化。还有一种花芽分化时间最长的百合,从秋季9—10月开始,一直到第二年春季4月份才完成花芽分化。这两种分类(化)类型在亚洲百合和东方百合中均有,凡是花芽分化早于短缩芽分化的,即在鳞茎内就开始花芽分化的百合,第二年开花期最早,一般5月中下旬至6月上旬就开花。

短缩芽形成小花原体数目受品种、前生长季环境和鳞茎大小的影响。亚洲百合形成花芽能力强,因此鳞茎标准分级规格比其他百合为小。

花芽分化及形成小花原体数目受种植前条件影响很大,而花蕾发育速度与开花则受种植后生长条件影响,如种植后室温超过30℃则易产生盲花,即在现蕾期所有花芽发育失败萎缩。生长气温25～30℃会发生落蕾,开花率只有21％～43％;在15～20℃温度下,开花率达到80％以上。百合的雄蕊和雌蕊同时成熟,受精10～15d后,子房开始膨大。果实成熟期随种类和品种而异,早花品种需要60d,中花品种需要80～90d,极晚熟品种则需要150d。

强光也能造成花蕾发育失败,同时引起日烧,遮阴处理有助于改善落蕾现象。相反,光线不足,特别是冬季,也能造成落蕾,花芽出现离层。

蒴果9—10月成熟。此时,蒴果变成黄色并开裂。种子具翅,随风传播。

秋季11月,地上茎枯萎、死亡,百合以鳞茎的形式越冬。

第三章　百合栽培技术要点

第一节　品种类型与常见品种

一、品种类型

中国是百合属植物的故乡,全世界百合属植物约有 100 种,起源于中国的就有 47 个种和 18 个变种,占世界百合属植物的一半以上,其中 36 个种和 18 个变种为中国特有种;10 个种和 3 个变种为中国与日本、朝鲜、缅甸、印度、俄罗斯和蒙古等国共有。中国百合不仅种类多,而且生态习性各异,在 28 个省、市、自治区均有不同种百合的分布,以四川省西部、云南省西北部和西藏东南部分布的种类最多,约 36 个种;陕西省南部、甘肃省南部、湖北省西部和河南省西部,约有 13 个种;吉林、辽宁、黑龙江省的南部地区有 8 个种和 2 个变种。近年更有不少经过人工杂交而产生的新品种。

(一)商业用主要品种类型

目前,商业用的主要品种有东方百合、亚洲百合、铁炮百合、OT 杂交百合、LA 杂交百合、OA 杂交百合以及 LO 杂交百合等。

1. 东方百合(Oriental Hybrids)系列(简称 O 系列)

东方百合又称香水百合,是由天香百合、美丽百合、日本百合、红花百合、湖北百合等作亲本经过复杂的杂交选育而成,由

于该系列的亲本主要来自东方,故称其后代为东方百合(图 3 -
1)。东方百合花大,盛开时花径达 15～20cm,花色艳丽,色彩丰
富,香气怡人,在市场上最流行。花朵数较少,一般在 3～5 朵之
间,具香味。花型姿态多样,有花蛾花朵平伸形、碗花形等;花色
较丰富,花瓣质感好,有香气。生长期长,从定植到开花一般需
16 周。要求温度较高,生长前期和花芽分化期为白天 20℃左
右,夜间 15℃。夏季生产时需遮光 60％～70％,冬季在设施中
栽培对光照敏感度较低,但对温度要求较高,特别是夜温。

图 3－1 东方百合

东方百合种球价格较高,栽培技术水平要求也较高。生产
上常用且市场反映较好的东方百合品种有泰伯(Tiber)、索蚌
(Sorbonne)、西伯利亚(Siberia)和星球大战等。

泰伯(Tiber)成品花花苞大,粉红色,最多可有 7～8 个花

苞。植株高度为90～105cm,生长周期95～98d,花头朝上,易于包装运输,但有轻微的叶烧现象,种植时需多加注意。

索蚌(Sorbonne)成品花花苞中等大,粉红色,最多可有8～9个花苞。植株高度为100～105cm,生长周期95～102d,花头朝上,易于包装运输,无叶烧现象。索蚌,就是粉百合中的佼佼者,在粉百合中花型最大,甚至可跟西伯利亚相媲美。它的花瓣边缘白,中间粉红,颜色新鲜艳丽,花期10d以上,目前很受欢迎。

西伯利亚(Siberia)成品花花苞大,白色,最多可有8～10个花苞。植株高度约为80～110cm,生长周期108～115d,花头朝上,易于包装运输,无叶烧现象,但此品种既不耐热也不抗寒。西伯利亚百合是品质最好的,花香浓郁,花期最长,三四个花朵依次开放可延续一个月,目前价格也是最贵的。它开花最大,花径甚至可达20cm左右,它的白色最为纯正,有人戏称"像西伯利亚的白雪",所以你几乎一眼就可以把它从百合丛中辨认出来。

2. 亚洲百合(Asiatic Hybrids)系列(简称A系列)

亚洲百合是由卷丹、垂花百合、川百合、朝鲜百合等种和杂种群中选育出来的栽培杂种系,由于该系列的亲本主要来自亚洲,故称为亚洲百合(图3-2)。亚洲百合花比东方百合大,没有香味,颜色也以白和橙黄为主,有少量红色和粉色。种球便宜,市场售价也较低。生产管理

图3-2 亚洲百合的一种(卷丹百合)

相对粗放,适应性强,耐碱性土壤。生产上用的鳞茎规格较其他

系列的小,花朵向上开放,花色鲜艳,生长期从定植到开花一般需12周。生长前期和花芽分化期适温为白天18℃左右,夜间10℃,土温12~15℃。花芽分化后温度需升高,白天适温23~25℃,夜间12℃。适用于冬春季生产,夏季生产时需遮光50％。该杂种系对弱光敏感性很强,冬季在设施中需每日增加光照,以利开花。若没有补光系统则不能生产,生长周期较短。生产商常用的品种有布鲁拉诺(Brunello)、普瑞头(Prato)黑人蒙特、白天使、棒棒糖和信使等。

布鲁拉诺(Brunello)成品花花苞中等大,金黄色,最多可有9个以上花苞。植株高度约为90~100cm,生长周期70~75d,花头朝上,易于包装运输,无叶烧现象。

3. 铁炮百合(Longiflorum Hybrids)系列(简称L系列)

铁炮百合又叫麝香百合,是由我国台湾的百合及其衍生杂种和麝香百合为亲本培育而成。花为喇叭形,白色,花香浓郁,平伸,花色较单调,主要为白色。属高温性百合,白天适温25~28℃,夜间18~20℃,生长前期适当低温有利于生根和花芽分化。夏季生产时需遮光50％,冬季在设施中增加光照对开花有利。从定植到开花一般需16~17周,生长期较长,有些品种生长期短,仅10周。铁炮百合栽培简单,但对光照不足敏感,应尽量在光照充足的季节生产。另外,由于所需冷处理的时间较短,较易感染病毒。

栽培品种有白天堂(White Heaven),该品种成品花花苞小,白色,最多可有4个花苞。植株高度约为105cm,生长周期90~100d,花头朝上,易于包装运输,有轻微叶烧现象,花头朝外,不利于包装运输。用母球鳞片自繁籽球,繁殖系数大,容易成球。

(二)新杂交系列

育种专家为培育具有更多杂交优势的百合,将以上三个系列的百合进行了杂交,培育出了 OT 杂交百合、LA 杂交百合、OA 杂交百合以及 LO 杂交百合。目前,商业上应用较多的是 OT 杂交百合和 LA 杂交百合。

1. OT 杂交百合系列

OT 杂交百合系列由东方百合和喇叭百合为亲本杂交选育而成,具香味,市场较好的品种有木门(Concador)、黄精灵(Yelloween)和诺宾(Robina)。

木门(Concador)成品花花苞大,黄色,最多可有 5～7 个花苞,植株高度为 110～135cm,生长周期 95～105d。市场较认可的黄花品种,容易种植,没有叶烧,然而在气温高的情况下也会"弯头",做盆花种植塑形较好。缺点是花头朝外,不利于包装运输。

黄精灵(Yelloween)成品花花苞小,黄色,最多可有 8 个以上花苞,植株高度约为 120cm,生长周期 91d。花头朝上,易于包装运输,无叶烧现象。

诺宾(Robina)成品花花苞大,粉红色,最多有 3～5 个花苞,植株高度为 120～135cm,生长周期 107d,花头朝上,易于包装运输,无叶烧现象。此品种目前市场上由于量少而价高,但消费者认可度不高。

2. LA 杂交百合

LA 杂交百合是以亚洲百合和铁炮百合为亲本杂交选育而成,长势旺盛,抗病性强,花色花形与亚洲百合相似,但闻之有香味,有取代亚洲百合的趋势。

耀眼(Aladdin)成品花花苞中等大小,亮黄色,最多有 8 个花苞,植株高度约为 100cm,花头向外约 60°角,无叶烧现象。

在中国市场,东方百合的种植面积越来越大,估计已超过 90%。在世界其他市场,虽然东方百合的比重没有如此之高,但整体来看,东方百合的种植面积也在增加,其他类型正在减少。

另外,OT 杂交百合正在成为未来百合发展的方向,比如黄精灵和木门,在除中国其他市场已慢慢成为排名前 10 位的大品种之一。

二、常见品种简介

(一)麝香百合

麝香百合又名白百合、夜合、铁炮百合,为百合科草本植物

图 3-3　麝香百合

(图 3-3)。原产我国台湾、日本硫球群岛等地,现在世界各地和我国南北已广泛种植。麝香百合鳞茎球形或近球形,高 2.5～5cm,茎高 45～90cm,茎秆绿色,基部淡红色;叶散生,披针形或矩圆状披针形,先端渐尖,全缘,两面无毛;花单生或 2～3 朵,花梗长 3cm,苞片披针形至卵状披针形,长 8cm,宽 1～1.5cm;花喇叭形,白色,筒外略带绿色,内轮花被片较外轮稍宽,蜜腺两边无乳头状突起;子房圆柱形,长 4cm,柱头 3 裂;蒴果矩圆形,长 5～7cm;花期 6—7 月,果期 8—9 月。麝香百合可布置花坛、花镜、园林小品或盆栽观赏,也可做插花用于装饰。

种植麝香百合,要求腐殖质丰富、排水良好的微酸性土壤,在石灰质及偏碱性土壤中生长不良。它性喜夏季凉爽湿润气候。5℃时,植株生长处于停滞状态;10℃以上,植株才能正常生长;当超过 25℃时,生长又停滞,植株的花芽分化会受到严重影响,从而导致盲花。15～20℃最适于花芽分化及开花。对已经

过低温春化处理的种球,温度越高,花芽分化也越早,但叶和花的数量较少,茎粗短;而在低温下栽培,又会造成节间缩短、开花延迟等弊病。故 10～20℃ 为栽培适温。麝香百合具有一定的耐阴性,可在疏林环境中栽培。

麝香百合鳞茎含有丰富的碳水化合物、脂肪、蛋白质、多种维生素和多种矿物质。花药含多种类胡萝卜素,其中顺花药黄质酯91.7%。

麝香百合可用作观赏、食用或药用。麝香百合的变种主要有百慕大百合。

(二)香水百合

香水百合别名卡萨布兰卡、天上百合,属东方百合系列(图3-4)。原产于高海拔地区,喜阴凉的气候,多年生球根花卉,株高20～70cm,茎直立;水平开花,花大,香气袭人,主要颜色是白色,但已培育出多种其他颜色,有粉、黄、红等,自然花期为夏季。地下具鳞茎,呈球形至扁球形,分球性强。香水百合属于人工培育的

图3-4　香水百合

百合品种。具浓烈的香味、百合茎有紫色条纹、花瓣上没有斑点是其主要特点。

香水百合的代表性品种有 Siberia 西伯利亚(白色),Sorbonne 索邦(粉红色)。

（三）卷丹百合

卷丹百合别名南京百合、虎皮百合（图 3 - 5），产于江苏、浙江、安徽、江西、湖南、湖北、广西壮族自治区、四川、青海、西藏自治区、甘肃、陕西、山西、河南、河北、山东和吉林等省区。株高 50～150cm。地下具白色广卵状球形鳞茎，径 1～8cm，茎褐色或带紫色，被白色绵毛。单叶互生，无柄，狭披针形。上部叶腋着生黑色珠芽。花 3～20 朵，下垂，橙红色，花被片反卷，内面具紫黑色斑点，雄蕊向四面开张。花药紫色，花径 9～12cm。花期 7～8 个月，其鳞茎可露地自然越冬。花朵大，花期长，姿态美，香气宜人。

图 3 - 5　卷丹百合

卷丹百合耐寒性强，喜半阴，但能耐强日照。适于园林中花坛、花镜及庭院栽植，也是切花和盆栽的良好材料。观赏、食用、药用均可。其鳞茎含有大量的淀粉和蛋白质，可以做蔬菜食用。同时也是贵重的中药材，有滋补、强壮、镇咳、去痰之功效，对肺结核及慢性气管炎的治疗有很好疗效。

（四）龙牙百合

龙牙百合原产于江西（万载、永丰中西山）、湖南（隆回、安化）等地，其中江西万载白水乡尤为知名（图 3 - 6）。龙牙百合在万载是久负盛名的物产，据县志记载种植历史可追溯至宋朝，龙牙百合产品是历朝历代的贡品。

龙牙百合是白花百合中的优良品种,也是营养最好的品种。其鳞茎球形,横径2～2.4cm,鳞片披针形,白色,暴晒时呈黄白色或稍带粉红色。淀粉含量高,营养丰富,味淡不苦,地上茎高约100cm,叶散生,倒披针

图3-6 龙牙百合

形。花乳白色有香气,能结实产生种子。

龙牙百合个头大、片长、肉厚、心实、色泽白、味道美、营养丰富、药效明显。经江西检测站检测,每百克百合中含水分65%,碳水化含物23.8%,总膳食纤维5.9%(其中果胶4.8%、蛋白质4%、脂肪0.1%、水分1.1%、钙0.9%、铁0.09%,热量132kcal)。因此,龙牙百合是集食品、药品于一身的绿色保健食品。

目前,在江西万载县龙牙百合育种技术与产业化开发都已获得重大突破。"两段法"培育种子技术,使原来的三年成种缩短为一年,成种率达到75%以上;栽种面积由不足800亩,扩大并稳定在5 000亩左右,产量3 750t,产值1 500万元,综合产值2 400多万元。

(五)王百合

王百合又称岷江百合,原产于四川省,是多年生草本植物(图3-7)。地下具黄褐色或紫红色无膜鳞茎,由若干鳞片抱合而成。株高1～2.5m,不分枝,秆绿色或淡紫色,无毛,不具棱,茎中空。叶浓绿色,光泽无毛,阔线形或带状,近花处为卵圆形,

图 3-7 王百合

长为 15～20cm、宽 1～2cm,旋互生于茎秆上。基生叶阔卵形,全缘,渐尖,长 15～20cm,宽 7～8cm,常 2～3 片簇生。花白色,基部淡紫色,长筒形,长 10～15cm,芳香,总状无限花序顶生,每枝 1～18 朵不等,最多可达 48 朵(有记录一枝多达 92 朵),花期 6—7 月。果实为蒴果,六棱柱形,长 4～6cm,径 2cm 左右,成熟期 10—11 月。种子膜片状,棕黄色,蒴果开裂后靠风传播。鳞茎阔卵圆形,鳞片淡黄褐色。地上茎高约 2m。叶散生,狭条形。花大,径约 12cm,喇叭形,白色,喉部黄色。花期 6—7 月。有润肺止咳,宁心安神,美容养颜,防癌抗癌,还能减轻胃疼,清凉润肺和去火安神的功效。王百合极耐寒,也耐盐碱,喜半阴,也耐阳。王百合可食用、药用或观赏用。

(六)玫红百合

该百合产于中国云南。生于林下,海拔 2 100～2 300 m。鳞茎卵形,高 2～2.5cm,直径 2～2.2cm(图 3-8);鳞片披针形。茎高 15～

图 3-8 玫红百合

30cm,有小乳头状突起。叶散生,8～12 枚,长椭圆形或狭矩圆形,无毛、全缘,中脉明显。花 1 朵,有香味,钟形,紫红色或紫玫瑰色,有红色斑点,下垂;外轮花被片披针形,长 3～4cm,宽 9～10mm,先端稍反卷;内轮花被片卵状披针形或椭圆形,花柱柱头膨大,径 3mm,3 裂。花期 6 月。可观赏或食用。

（七）湖北百合

　　湖北百合另名亨利百合、花百合(图 3 - 9),原产中国湖北、贵州、江西,生于海拔 700～1 000m 处。多年生草木,球根花卉,高 0.6～2m。鳞茎近球形,直径约5cm,鳞片卵形或矩圆形,白色,尖端带紫红色。二型叶,中下部叶长圆状披针形,上部叶卵圆形。总状花序,有花 2 至数十朵,花瓣橙色具稀疏黑斑,蜜腺两边上流苏状突起,苞片卵圆形,叶状;

图 3 - 9　湖北百合

花梗长 5～9cm,水平展开,每花梗常具两花,花被片披针形,长达 8cm,全缘、反卷、橙色;雄蕊向四面张开,花药深橘红色。花期 6—7 月,果熟期 10—11 月。为中国特有种。

（八）兰州百合

　　兰州百合茎秆由鳞茎茎盘的顶芽伸长而成,为多年生草本,茎直立、圆柱形、常有紫色斑点(图 3 - 10)。茎高一般为 80cm,光滑无毛,叶片条形、密集互生,无柄、全缘、叶脉弧形,叶腋内不生珠芽。花瓣 6 片、金红色,内外轮排列,总状花序,最多可以开

20 余朵,花冠下垂,开放 2h 后即开始向后反卷,6~7d 凋谢。其鳞茎一般由单个或两个鳞瓣组成,呈扁圆形。成品鳞茎平均高 6.1cm,直径 11cm,周径 3.2cm,每个重 150~250g,个别的可达 500g 以上。鳞茎盘下生有数十条粗壮的须根,分布在土下 30cm 深处,在地下深 6~10cm 处的茎秆上还生有纤维状的不定根,并有数个到数十个小鳞茎,这种小鳞茎是兰州百合用作繁殖材料的主要来源,俗称"母籽",鳞茎球状白色,先端常开放如莲座状,由多数肉质肥厚卵匙形的鳞片聚合而成。

图 3-10　兰州百合

兰州百合生长周期较长,从小母籽到成品需 4~5 年。

(九)云景红

"云景红"是北京农学院园林学院以"Romano"为母本,"Claire 为"为父本杂交选育出的亚洲百合新品种(图 3-11)。该品种主要用于观赏,其生育期 65~70d。叶披针形,长 7.0~8.3cm,宽 1.3~1.7cm,亮绿色,叶脉 3 条,叶片数 25~29。茎秆绿色、粗壮、抗倒伏。植株矮小,平均株高 43~52cm,花色为中国红,无花香,花径 11.5~13.4cm。花周径 14~16cm,雄蕊 6

个,雌蕊 1 个,花蜜腺为橘红色,柱头为紫红色,花苞数 3~7 个,花苞大,花被 6 片,花被基部有紫红色斑点,内轮花被长10.5cm,宽 2.4cm,外轮花被宽 2.7cm,每株开花 3~7 朵,数量多,5 月底到 6 月初开花,花期长,花期为 15~20d。蒴果长椭圆形,三室裂,没有获得有胚种子。种球繁育周期短,退化慢。耐高温,耐干旱,耐湿热,抗病性强。栽植 3 年后仍保持优良性状。

图 3-11　云景红

近年来,各地纷纷进行百合品种的选育与改良,培育了许多新品种,如浙江省农业科学院引进国外百合品种进行了对比试验,已选出表现较好的红色帝国、瑟堡、可可茶、巴拉多纳、阳光婆罗洲和八点后 6 个优良品种;上海园林科学院与上海植物所从 1979 年开始,对王百合与玫红百合,麝香百合与兰州百合,王百合与兰州百合,王百合与淡黄花百合,麝香百合与玫红百合及湖北百合、毛百合、山丹等组合进行杂交,均获得了杂交种;1983年中国科学院植物所植物园已进行了王百合与兰州百合、细叶百合与麝香百合间的杂交,获得了 3 个杂交种。中国科学院昆明植物研究所利用百合属间作了淡黄花百合与麝香百合及通江百合、川百合与紫斑百合等种间杂交,均获得成功。

第二节 百合露地栽培

一、栽植区选择

1. 百合的适生地类

百合的适生条件较广,只要合理开发、精细整地、科学管理,就可以获得满意的效果。从我国百合生产区所利用的地类情况看,林间、林缘、沿河两岸的沙壤地,土壤肥沃湿润的山坡、牧坡、丘陵、平原、山区农耕地均可种植百合(图3-12)。

图3-12 百合大面积露地栽培

2. 地类特点

种植百合,应选择前作未种过葱蒜类作物、地势较高、排灌方便、土壤通气性良好、土质疏松肥沃深厚、pH值5.5~6.5的沙质壤土或黄泥沙土种植为宜。低洼、易积水、陡坡地、土层深度在20cm以下的瘠薄地不宜种植。目前,有些地方发展百合不注意地类选择,占用粮田,尤其是在冲田和河溪滩地上种植百合,结果是一遇大雨,汛水长期不退,水涝成灾,不仅使百合丧生,更对土地造成浪费,极不经济。所以,发展百合的第一环节就是要选好土地,这是保证种植成功和提高经济效益的前提条件。

二、栽植区整地

1. 山坡、疏林地整地

在山区牧坡、林缘、稀疏林地发展百合,由于这些地方长期荒芜,一般情况下是杂草丛生、灌木密集。为给百合创造良好的生长环境,应科学精细整地。

(1)砍灌除杂。即对种植区的杂灌野草、藤蔓植物应挖除干净,做到地上无杂灌、土中无树根、规划可见线(人为划分的各种界线)。

(2)垦覆深翻。垦覆、深翻应在伏天进行。伏天温度高、干燥快,翻地之后,杂灌篙草易死亡并能很快腐烂,既风化熟化土壤,又增加土壤肥力,能较好地达到整地要求,实现伏垦秋播。

垦覆应达到足够深度,过浅、草率、走过场式的整地既浪费人力、物力和财力,又不可能使百合生长良好。一般整地深度:生荒地在 35cm 以上(带状整地应为 50cm),耕地达到耕层为好。在深翻的同时,应根据整地方式的不同尽可能地做到分层堆放表土与心土。

2. 农耕地、畈田整地

农耕地、畈田整地的主要程序包括:深翻、施肥、耙地、做床、排灌系统及步道修筑等。

(1)深翻。百合地深翻一般在夏季进行,具体时间为每年 8 月份前。深度 25cm 以上,可采用机耕、畜力或人工翻挖。翻时应表内土倒置,全面彻底,不留死角。目的是通过深耕,改变土壤的物理化学性能,提高土壤耕性。

(2)施肥。肥料包括有机肥和无机肥料,积极提倡使用腐熟的农家肥料或商品有机肥料为基肥,大力推广复合微生物肥料,要增施磷钾肥料,控施化学氮肥。

要注意施肥时间和方法。土壤深翻后,经一定时间的风化作用,将底肥均匀地撒施在土壤上,然后及时浅耕,将肥料翻入土中,与土壤充分拌匀,便于百合根系吸收。

施肥多少,应根据施肥目的、施肥种类和土壤情况而定。一般施肥原则是:多施底肥,少施追肥;多施有机肥,少施无机肥。根据浙江省宁海县种植户经验,底肥以每亩施充分腐熟的农家有机肥 2 500～3 500kg 或商品有机肥 800～1 000kg,加三元复合肥 100kg 或碳酸氢铵 100kg,过磷酸钙 50kg、硫酸钾 30kg 作基肥为宜。若肥力不足,百合产量不高,且磷茎球个体质量也差。

此外,施入基肥时,为预防蛴螬等地下害虫,每亩可加施 5％二嗪磷颗粒剂 60～90g 进行处理。

(3)耙地。浅耕之后应立即耙地,目的是使土壤破碎,不留大土块。整地过程中的耕、锄、耙在百合生产中要求较为严格。耙地具体要求为:一是全面,即要求操作时一耙连一耙,切勿隔三差五走过场;二是深度要足,深度要求距地面 10cm 以内,土壤应大小、松紧度一致;三是要有足够次数。务必做到土碎如面。

(4)做床或筑垄。做床起垄的目的,一是便于百合生长期管理,如施追肥、松土除草、病虫害防治等;二是利于排灌,可利用畦间沟道有效控制灌溉和排水作业;三是方便播种与管理;四是防止田间管理过程中人为践踏土壤;五是方便收获。

百合畦宽一般应 1.2～1.5m,沟宽 25～30cm、深 25～30cm,畦长可随地形而定,畦过长应加开腰沟,腰沟宽 40～50cm、深 30cm 左右,围沟宽 45～50cm、深 35cm 左右。沟应直、畅,做到沟沟通连,排水通畅,并便于管理行走。

三、播种

1. 播前处理

播前应根据不同繁殖方式,搞好种用鳞茎、鳞片或扦插材料(茎、叶或种子)的处理。在选择鳞茎为种时,宜选用鳞片紧密抱合、根系健壮、无病虫害的鳞茎。鳞茎大小中等,以净重 25～30g 为宜。播种前严格进行种球消毒,浙江省宁海县一般采用 50% 多菌灵 500 倍液浸泡 15～30min,捞出晾干待播,当天浸泡当天播种。在选用有性繁殖,以种子播种时,应根据品种的不同、种子发芽的快慢,采取适当措施,如对鹿子、天香等慢发型百合种子,应先在温暖处湿藏三个月(装入湿润的珍珠岩、蛭石、泥碳土中并装入塑料袋保湿),或在幼苗上有小鳞茎和幼根时,在冰箱中放置 2～3 个月或更长时间后再行播种,以加速出苗。

2. 适时播种

用鳞茎做种的,如浙江省宁海县一般都是在 10 月底种植,翌年 7 月底至 8 月中旬采收;在用种子做种时,则多在采种后第二年的 3—4 月间播种,播种深度控制在 0.5cm 以下,播后盖土。

3. 播种密度

(1)鳞茎繁殖。一般都采取开沟播种,株行距约 15cm×15cm,每亩(1 亩≈667m² 。全书同)用种量 300kg。播种深度为鳞茎直径的 2～3 倍。播种时,先按确定的株行距开挖播种沟,然后在播种沟内摆放种球,芽朝上、根朝下,再覆土 7～10cm。播种 1～2d 后喷施草甘膦,防止杂草发生。

(2)珠芽繁殖。卷丹、沙紫等百合品种以珠芽做种繁殖时,一般采取按行距 15cm,在苗床上开 5cm 深的条状浅沟进行播种,珠芽均匀地埋入沟内后,要覆盖细土,以基本盖没,不见珠芽为宜。上再覆盖稻草,保持土壤湿度,过 15d 左右,幼苗便可出土。

（3）茎叶扦插。某些品种以茎、叶扦插繁殖时，一般多采取16.5cm的行距，开5～7cm的浅沟，株距10～15cm。

（4）种子繁殖。播种密度因移植方式不同而定：小苗移栽宜采用撒播，密度为1cm×1cm；大苗移栽，密度为2cm×2cm；采用温室栽培时，密度一般为5cm×5cm。

4. 播种注意事项

一是肥料不要与鳞茎、鳞片、扦插材料、种子直接接触，以免烧伤；二是鳞茎播种后要覆盖厚细土5cm左右。覆土不宜过浅，而且覆盖土后要稍加压紧。避免鳞茎分瓣，影响产量和质量；三是要严格管护，防止人畜进园危害和践踏。

四、出苗后的管理

百合幼苗出土后，地上地下生长迅速，此时随着温度升高，田间杂草生长迅速，病虫害活动加剧，对百合的危害性日趋增加，因此百合出苗后的生长期内必须精细管理。

1. 行间窄锄，浅耕松土除草

百合出苗定植后翌年春季开始松土除草，以保持田间无杂草。但中耕次数不宜过多，而且要浅锄，不要刨伤鳞茎。一般可中耕锄草2～3次，下种后10d左右百合开始发根后进行第一次除草，同时进行清沟排湿。此时如嫩草长出畦面，也可用草甘膦对土壤进行喷雾处理。百合8～10叶期，要再次进行人工中耕锄草，确保田间无杂草（图3-13）。浙江宁海等地一般在早春除草一次，以提高地温。夏季则

图3-13　百合苗期

要根据杂草生长情况确定除草次数与间隔期,而且要做到除草与施肥培土结合进行。

百合种植密度大,除草时要小心翻耕,勿损伤植株。

2. 追肥

对土壤贫瘠的种植地,结合灌溉,巧施追肥,追肥养分需求以氮肥为主,配施少量磷钾肥料。施肥方法以沟施、穴施为主。浙江宁海露地栽培百合时,一般在百合生长期的 4 月份追肥一次,每亩施三元复合肥 15kg 左右,结合除草培土进行。6 月底至 7 月上旬,如发现叶片发黄、脱肥早衰现象,每亩用 100g 磷酸二氢钾和尿素 0.5～1kg,对水 50kg 叶面喷施。

3. 水分管理

百合既怕旱又怕涝,在土壤水分不足的春旱季节,应适当灌水,防止土壤干旱,造成种子或种用球茎干枯、萎缩。浇水要求以湿润为度,不可过多;在雨水过多时,要做到及时清沟排水。若排水不良,容易生病腐烂。特别在春末夏初地下部新的仔鳞茎形成后,由于温度高、湿度大、土壤板结,病害极易发生,此时更应保持沟路畅通,下雨后立即排除积水,做到雨停水干。

4. 适时打顶

5 月上中旬,百合株高 30～40cm,上部叶片未全部展开,此时正是百合植株从茎叶生长向鳞茎膨大转变的关键时机,除留种地外,应通过摘花摘顶来控制顶端优势茎叶生长,减少养分消耗,促进光合产物向鳞茎输送,促使鳞茎膨大。试验表明,打顶可增产 10% 左右。打顶一般在晴天中午进行,以有利于伤口愈合。

第三节　百合大棚(温室)栽培

百合除露地栽培外,观赏百合应用温室大棚栽培的也很普

图 3-14　百合大棚栽培

遍(图 3-14)。百合大棚栽培时一是要选好品种,用优质的种球;二是要选好地、建好棚;三是要按照不同品种的要求对生长环境进行严格控制,创造百合生长发育的良好环境;四是在栽培技术上按照无公害要求,精心进行肥水调控,使之生产出株型较好、质量较高的百合产品。如果上述环节达不到规范化要求,不仅会影响百合的株型,而且还会影响植株生长,甚至无法正常开花。

一、栽前准备

1. 选好地

百合忌连作,怕积水,应选择土壤深厚、肥沃、疏松且排水良好的微酸性的壤土或沙壤土。适宜的 pH 值为 5.5~6.5。

2. 土壤消毒

百合容易感染病菌,因此土壤必须进行消毒灭菌。大棚栽培的土壤消毒方法如下。

(1)高温闷棚法。利用太阳能烤棚是一种很好的土壤消毒方法。夏季高温季节,设施栽培换茬之际,将温室大棚密闭,在土壤表面撒上碎稻草(每亩用量 700~1 000kg)和生石灰(每亩用量 500kg),深翻土壤 30cm,使稻草、石灰和土壤均匀混合,然后起大垄灌大水。并保持水层,盖严棚膜,密闭大棚 15~20d。石灰遇水放热,促使稻草腐烂也放热,再加上夏季天气炎热和大棚保温。白天棚内地温可达 55~60℃,25cm 深土层全天温度都在 50℃左右,半月左右即可起到消毒土壤和除盐的作用。单独利用灌水闷棚或者生石灰闷棚也可以,但效果比这种方法差一些。

(2)土壤施生物菌有机肥法。每亩喷生物菌 500～1 000g(注意! 喷洒之后 1 周内不能喷洒杀菌剂)或土壤施用生物菌发酵的有机肥。通过以上方法施入土壤中的大量有益菌类,可抑制和杀灭土壤中的各种有害微生物,预防土传病害发生。

(3)药土消毒法。每平方米用 50％多菌灵可湿性粉剂 2g,或 50％甲基托布津可湿性粉剂 8g,对水 2～3kg,掺细土 5～6kg,播种时做下垫土和上盖土,可有效防治多种真菌性病害。

(4)喷淋或浇灌法。将 96％恶霉灵 3 000 倍药液用喷雾器喷淋于土壤表层,或直接灌溉到土壤中,使药液渗入土壤深层,杀死土中病菌,防治苗期病害,效果显著。

(5)蒸汽热消毒。用蒸汽锅炉加热,通过导管把蒸汽热能送到土壤中,使土壤温度升高,杀死病原菌,以达到防治土传病害的目的。这种消毒方法设备要求比较复杂,成本较高,只适合在苗床上小面积施用。

此外,对于小面积的地块或苗床,也可将配制好的培养土放在清洁的混凝土地面上、木板上或铁皮上,薄薄平摊,暴晒 10～15d,既可杀死大量病原菌和地下害虫,也有很好的消毒效果。

3. 品种选择和种球处理

(1)品种选择。百合品种很多,但大体上分三大类。东方百合、亚洲百合和铁炮百合(又称麝香百合)三大种群。亚洲百合对光照要求较强,生产日期较其他种群短,东方百合、铁炮百合对温度要求较高,但东方百合对光照要求较弱,夏季栽培,用遮阳网遮阴时间至少要达 70％以上,东方百合株型高大,香味强烈,适宜用于观赏。

(2)种球处理。观赏百合种球到货后,应立即把球根种到湿润的土壤里。没有冰冻的球根和解冻的球根应在当天或晚一天种植。冰冻的球根应缓慢地解冻（不要放在太阳下），把料袋打开放在10～15℃下进行。在高温里解冻会引起品质下降。一旦球根解冻后就不能再冰冻。否则会产生冻害。若不能种植完，没有冰冻和已解冻的球根，则可以放在0～2℃下贮存，最多两周，或在2～5℃下最多贮存一周，同时塑料袋要打开。高温贮藏和贮藏较长的期间会引起发芽。若球根包装不好，就会脱水变干，这些会使主茎变短和花蕾减少。

4. 整地、搭棚、作畦

深翻土壤30cm，亩施充分腐熟农家肥3 000～4 000kg或商品有机肥500～1 000kg，配施不含氟的无机磷肥和钾肥作基肥；在此基础上，按照标准大棚的建设与施工要求搭好大棚，然后作畦，畦面一般做成高25cm、宽80～100cm，畦面间沟宽保持30cm，畦长依棚长而定。

二、适时栽种，科学管理

1. 栽种时间

百合适宜栽种的时间，因品种与地区的差别不同而异，一般应安排在9—11月完成播栽。播栽完成后要覆土6～8cm，且要避免踩踏。

2. 种植密度

百合种植密度要根据不同种群，不同类型和不同播种方法而定，如用鳞茎（种球）为播种材料，还得考虑球茎大小，不可过密过稀。播种密度可参考表3-1。

以种球为播种材料时，一定要对种球进行处理，选用栽植种球一定要用已过休眠期的。休眠期依品种不同而有差异，一般叶黄起球后在0～4℃的环境中，70～120d即可打破休眠。种植前将种球从种球箱中拿出，轻拿轻放，防止将芽碰断；同时检查种球质量,剔除坏球、烂球和病球,如:芽折断或腐烂,鳞片或基盘腐烂等不合格的种球。

表 3 - 1　种球播种密度参考表　　　　(单位:个/m²)

品种	周径			
	10～12cm	12～14cm	14～16cm	16～18cm
亚洲百合	60～70	55～65	50～60	40～50
东方百合	55～65	45～55	40～50	40～50
麝香百合	55～65	45～55	40～50	35～45

引自:欧阳文.温室生产百合技术.现代农业,2012(11)

3. 种植时间

栽植时间要依据栽种目的和生育周期 2 项指标来定。如作为观赏用,大棚栽培时间一般为 5 月下旬至 6 月上旬,这样刚好可以满足国庆节花卉供应;如作为药用或食用,播种时间一般为 9—10 月。

4. 种植方式方法

(1)方式。大棚百合的种植方式有盆栽、直接栽于畦面、塑料袋栽培等多种方式。如湖南省安化县农业局等应用直径 15cm、高 30cm 的塑料袋为容器栽培百合,取得了很好的效果。他们的经验是:一是先配好栽培基质,基质的配方是:锯木灰 3/4、细河沙 1/4,菜籽饼肥 10kg/m³,钙镁磷肥 1.5～2.5kg/m³,硫酸钾复合肥 1.0kg/m³,尿素 0.5kg/m³。各种养料配比好后,先搅拌均匀然后浇透水再用薄膜覆盖,待充分发酵后备用;二是栽培后精细管理。

(2)方法。种球从杀菌剂中捞出后即可种植,应将种球芽垂直向上;一般东方百合周径 14～16cm,种植密度为 15cm×20cm;16～18cm 的种球,种植密度加大 5cm,一般亩植 1.6 万球左右,种植深度 8～12cm。为避免根系损伤,种时不要压得太紧。种植完一畦苗床后应立即浇透水并装好滴灌系统和遮阴网，做好插牌，并注明品种、规格、种植日期等。

5. 栽后管理

栽种后要适当遮阴，防止地温过高、干燥，要对大棚环境进行调控，科学管理。

(1)温度管理。百合喜欢冷凉湿润气候，温度对培养良好的根系非常重要。栽种时土壤温度不能高于15℃，出苗后，在开始的1/3个生长周期内或至少在茎根长出之前，温度应控制在12～13℃，茎根长出之后，则应维持正常的生长温度。不同品系的百合，其生长的适宜温度亦有区别。一般而言，白天24℃，夜间10～15℃最为适宜，5℃以下或28℃以上则会生长不良。适宜的温度有利于百合茎生根、茎的生长，温度过低会延长生长周期，而温度高于15℃会导致生根不好而使产品质量下降。

高温干旱会导致百合茎干变短和花苞量减少；高温高湿会导致百合茎干细软不坚硬、叶片变薄；低温会使植株生长延缓、生长期变长；温度和湿度的急剧变化会产生僵花苞，增加裂苞、焦叶的比率。所以百合的全过程都要求保持适宜的温度和湿度，且变化缓和。通风可以降低高温高湿状态下的温度和湿度，使植株生长健壮，减少病虫害。

在冬季或寒冷地区通常采用加热系统来控制温室或大棚的温度。加温的方法很多，可以是燃油(煤)热风机加温、热水管道加温和蒸汽管道加温等，加热系统的功率大约需每小时每立方米220W，各地应根据具体情况加以选择。

利用热水管道加温，热分布较均匀、运行安全性好，但管道加热往往升温比较慢。采用燃油热风机加温较方便，但必须保证系统的热分布能够均匀。此外还要有一个合适的出口使燃烧的气体能自由排出。如果燃烧的气体在温室内积聚，乙烯和一氧化氮气体都会引起百合落芽或生长不良。

不同品系百合适宜生长的温度不尽相同,东方百合生根温度 12～13℃,植株生长适宜温度 16～18℃,不能低于 15℃ 或高于 25℃,如低于 15℃,可能导致消蕾和叶片黄化;亚洲百合生根温度 12～13℃,植株生长适宜温度 8～25℃,要防止空气过于潮湿;麝香百合生根温度 12～13℃,植株生长适宜温度 14～22℃,如低于 14℃,可能导致花瓣失色和裂苞。

表 3-2 是不同类群百合花芽分化及花芽分化后所需温度,可供参考。

表 3-2　百合花芽分化及花芽分化后所需温度　　（单位:℃）

品种	从生根到花芽分化		花芽分化以后		地温
	白天	夜间	白天	夜间	
亚洲百合	15～18	12～14	22～24	12～14	12～15
东方百合	18～20	15～16	20～25	14～16	15
铁炮百合	18～20	15～16	24～28	18～20	15

（2）通风和相对湿度管理。百合生长适宜的相对湿度是80%～85%。相对湿度应避免太大波动,变化宜缓慢进行,否则会引起胁迫作用,使敏感的栽培品种焦叶。温度和相对湿度都可以通过通风、换气、遮阴、浇水、加热等措施来加以调控,而且两者往往会同时变化。

在温和、少光、无风、潮湿的气候条件下,相对湿度通常很高,必须加强通风以降低相对湿度。冬季通风最好在室外相对湿度较高的早晨进行。冬季通风要注意:①天窗设置。天气寒冷时天窗每天打开 10min,天气转暖后电脑设置为室内温度达到 26℃ 时自动打开,22℃ 时自动关闭;②交流风机。在室外温度较低时,每隔半小时打开一次。天气转暖后每隔 10min 打开一次；③卷帘。4月上旬打开，降低室内温度，通风透气；④大风扇、湿帘。4月上旬开始运行。起到降温、增加湿度的作用。

（3）光照管理。亚洲百合对光照不足非常敏感，但在各品种之间有很大的差异。麝香百合较亚洲百合敏感性较小，东方百合最不敏感。

光直接影响百合的生长、发育和开花。光照不足时植株会由于缺少足够的有机物而生长不良、茎秆细软叶片薄、茎叶弯曲向光、花苞细弱色淡，严重时还会引起落蕾落苞和瓶插寿命的缩短。

光照调节可以通过夏季遮阴和冬季加光等方式来进行。华东地区种植百合，通常情况下不需要加光；北方地区冬季栽培时，光照不足可考虑用每 $10m^2$ 装一盏配有专用反光面的 400W 太阳灯来加光。而且最好选择对光线不很敏感的品种，种球之间要种得稀一些。

夏天温度过高、光照过强时要遮阴，以避免高温强光给植株生长造成的危害。遮阴直接影响温室内的温度、湿度和光照条件。在光照强度大的月份，温室内的温度可能迅速上升。在这种情况下，适当遮阴是有必要的。尤其在种球刚下地的前三周，需要遮去较多的光照。但要注意防止遮阴过度，因为遮阴过度将导致光照不足。

遮阴可以采用遮阳网，国外也采用在薄膜上刷白灰的方法，但国内不常用。国内夏季生产盆栽百合，一般都采用遮阳网遮光，因品种的不同，遮光程度也不一样，一般东方百合要遮光70％，亚洲百合、铁炮百合遮光50％，并且要做到隔几天转动一下花盆，防止茎秆弯曲生长。

在一般情况下，发芽至苗期，多在下午18时关闭遮阳网，凌晨10时打开；在百合生长阶段，则多在下午20时关闭遮阳网，凌晨 8 时打开。

(4)二氧化碳气体管理。百合对二氧化碳需求量很高。据试验,东方百合、亚洲百合正常生长,需二氧化碳浓度在 $800\sim 1\,000mg/kg$,铁炮百合则需 $1\,000\sim 1\,200mg/kg$,因此温室大棚内应有补充二氧化碳的措施。具体方法:一是在晴天上午的 $8\sim 10$ 点,在不通风的棚内,施用二氧化碳气丸,以增加棚内二氧化碳的含量;二是每隔 $15\sim 20m$ 悬挂一个塑料桶(桶到地面的高度为 $1m$),桶内装好 20% 的碳酸氢钠(即家庭常用的小苏打)溶液,然后逐渐将配好的 10% 的稀硫酸溶液分 $3\sim 4$ 次倒入各塑料桶内,碳酸氢钠同硫酸发生反应便可产生二氧化碳气体。$60m$ 长、$7m$ 宽的日光温室需 $1.7kg$ 纯碳酸氢钠和 $1kg$ 浓硫酸(浓度为 98%)。

6. 田间管理

(1)水分管理。①灌水:百合生长期间喜湿润,因此种植后的百合水分管理要见干见湿。太干影响苗期生长,太湿种球容易腐烂。灌水方法采用滴灌浇水为好。在水的具体管理上,要求在温度较高的季节,定植前应浇一次冷水,以降低土壤温度。定植后,再浇一次水,使土壤和种球充分接触,为茎生根的发育创造良好的条件。以后的浇水则应以保持土壤湿润为标准,特别是在花芽分化期、现蕾期和花后低温处理阶段不可缺水。土壤理想湿度以手握土团能捏紧成团、落地松散为好。浇水时间一般在晴天早晨。②排水:百合既耐旱、又怕涝,过多的水分或忽干忽湿容易引起鳞茎得病腐烂。故在百合生长期间特别是 4—6 月南方梅雨季节时要加深大棚田间沟系,及时开窗通风,降低大棚内空气湿度,做到排水畅通,大雨后苗床畦面不积水。

(2)追肥。百合喜肥,但忌碱性和含氟、氯肥料,这些肥料易引起烧叶。施肥的原则是"薄肥勤施",土壤施肥与叶面施肥相结合。选用肥料一般应以尿素、硫酸铵、硝酸铵等酸性化肥为主。进行滴灌时,先要配好原液(原液＝水＋肥料),根据测定,每吨水应加入的肥料配比为:钼酸纳 40g、硼酸 80g、硫酸锌350g、硫酸铜 17g、硫酸铵 125kg 和销酸钾 175kg。滴灌时,每0.5L 原液应再加入 $1m^3$ 水进行稀释。

百合栽种的头 3 周内,其生长主要吸收种球的营养及水分,一般情况下可以不追肥。如迟发未出苗,可结合中耕,追施三元复合肥 10～15kg,促发根。当茎长出地表时,开始生出新根后,要重施壮苗肥。

壮苗肥施用方法:①大棚内盆栽百合:一般可每隔 5～7d 追施一次 1％尿素和 0.5％硫酸镁的水溶液;现蕾后用 1％硝酸铵和 1％硝酸钾的水溶液追肥,或 0.3％硝酸钾和 0.1％磷酸二氢钾水溶液叶面喷施 1～2 次,要控制磷肥的施用浓度,防止施磷过高引起烧叶。当百合叶片出现缺铁症状而发黄时,土施 1 次0.5％硫酸亚铁溶液。②非盆栽百合:当小苗长到 15cm 时开始施第 1 次肥,一般可亩施三元复合肥 6～8kg,加发酵腐熟饼肥100～150kg,或尿素 5kg、硫酸亚铁 5kg、硝酸钾 10kg、磷酸二铵15kg,比例是 1∶1∶2∶3;花蕾出现时第 2 次追肥,亩用尿素3kg、硫酸亚铁 6kg、磷酸二氢 3kg、磷酸二铵 6kg,比例是 1∶2∶1∶2,每 7～10d 向叶片喷施螯合铁,浓度 0.2％～0.5％。如叶面整体发黄,喷施 0.2％的尿素,同时加铜锌等微肥。

开花打顶后可亩施钾肥 8～10kg,同时在叶面喷施 0.2％的磷酸二氢钾液,促鳞片肥大;采收前 30～40d,停止追肥。

(3)中耕除草。百合下种后正值秋季杂草丛生之时,应及时除草,以避免与种球争肥水,同时中耕松土有利于保持土壤水分,对地下鳞茎的生长发育和膨大都具有重要作用。

(4)覆盖薄膜。覆盖薄膜对提高地温、增加积温,促进越冬期间百合种球根系的生长,对早出苗具有明显的作用。在生产上以 12 月中下旬至翌年 1 月中下旬,选择天气晴朗、不封冻,即土壤不过干、过湿时盖膜为好。盖地膜可以采用整个畦面平盖,同时大棚要覆盖加厚无滴薄膜保温。

(5)遮阳降温。夏季酷暑高温,容易造成种鳞茎干灼伤,夏季室外温度高达 30℃ 以上,会严重影响百合的生长发育。遮阳是防止高温的措施之一,遇到高温时,一是打开架设在大棚上的遮阳网;二是采用喷灌系统,每隔 60min 左右喷水 5~10min;三是直接向地面及其周围或土壤浇水降温。

(6)植株调整。为防止植株倒伏,在畦的四周要立支柱,在畦面上拉支撑网,在百合长至 20cm 高时开始张网。辅助百合植株均匀进入网内。随着茎的生长,支撑网不断向上提高。

百合生长中后期,为抑制地上营养部分生长,使养分集中向鳞茎转移,可打顶(摘心)、摘除花蕾和抹除珠芽。5 月中下旬,一般苗高 40cm 时选择晴天中午进行打顶(摘心),苗小、弱苗可推迟打顶或只少量打掉心,以达到平衡生长。5—6 月孕蕾期间,除留作种子外,其余花蕾、珠芽要及时摘除,以免消耗养分,影响鳞茎生长。

第四节　病虫害防治

百合的病虫害防治要坚持"预防为主,综合防治"的原则。

一、综合防治技术

(一)农业防治

1. 种植地选择

百合忌连作,种植地以选择土壤肥沃、深厚,前茬没有种植辣椒、茄子等作物的沙质壤土为宜,按照水的流向和地势高低从低处种起,逐年由下而上。

2. 种球、鳞片、种子等繁殖材料的预前处理

百合繁殖材料必须在播种栽植前搞好预前处理,这是预防百合病虫害的关键措施。如以鳞茎进行分苑繁殖,无论是百合采收期,还是百合播种期采挖的种球,都要进行药剂灭菌处理。方法可用 70%甲基硫菌灵 500 倍液浸种 5min,取出晾干。

3. 土壤处理

土壤翻耕时每亩撒施生石灰 50～75kg,或栽植时条施 40～50kg 生石灰,以防止蚂蚁、蚯蚓等危害,并有一定的灭菌作用。

4. 实行轮作

前作以瓜类、豆类、禾谷类为好,忌与葱、蒜轮作,有条件的地方可实行水旱轮作,深沟高畦。

5. 中耕除草

中耕能疏松土壤,防止板结,提高地温,消灭杂草,减少病虫发生,增加土壤通透性,促进土壤微生物活动,加速养分分解。苗期中耕深度以 3～6cm 为宜。此外,百合出苗前,可结合喷施旱地专用除草剂杀灭杂草。

6. 加强田间管理

百合播种后,在畦面上铺盖一层稻草,可保墒防草;合理密植,防止偏施氮肥,做到氮、磷、钾肥合理搭配;发现感病植株要及早拔除烧毁,做到发现 1 株拔除 1 株,带出田外集中处理。并清除田间残株落叶,集中烧毁或深埋沤肥。

(二)物理防治

1. 灯光诱杀

在 3—7 月的百合生长季节,每 1～2hm² 地块安装频振式杀虫灯 1 盏,诱杀害虫。

2. 黄板诱杀

每亩插黄板 20 块,15～20d 换 1 次,诱杀蚜虫。

3. 使用防虫网

防虫网不但可以防虫,还可防暴雨、强风及冰雹,同时还能适度遮光,有效改善百合生长条件。

(三)生物防治

1. 用 TD 生物菌肥防病虫

栽种时用火土灰拌 TD 生物菌肥点施于座蔸或盖种;出苗后用 TD 生物菌肥淋蔸,可防治立枯病、基腐病和地下害虫。

2. 新鲜韭菜汁防虫

取新鲜韭菜 1kg,捣烂后加水 0.2～0.3kg 浸泡,1kg 原液加水 6～8kg 喷雾,可防治红蜘蛛、蚜虫等。

3. 用茶枯饼防虫

将茶枯饼少量放到种球根部,茶枯饼遇水与土壤分解,一方面可杀灭地下害虫,另一方面也可释放养料、培肥地力,为百合生长提供养分。

(四)化学防治

按照无公害防治原则,使用低毒、低残留农药,严格遵守农药安全间隔期,食用与药用百合采收前 20d 禁止使用所有农药。

二、主要病虫害防治

(一)病害防治

百合主要病害有立枯病、根腐病、基腐病、灰霉病、枯萎病等。

1. 立枯病

该病是百合苗期发生最普遍的病害之一。症状:幼苗感染后根茎部变褐缢缩而枯死;成株受害,叶片从下向上变黄,直至全株变黄立枯而死;鳞茎受害,逐渐变褐形成不规则病斑直至腐烂。湿度大、通气不良、光照不足是立枯病发生的主要条件。防治方法:一是加强田间管理,改善通风、光照条件;二是出苗时喷施 50％多菌灵 500～600 倍液 2～3 次；三是发病后，及时清除病株。

2. 根腐病

症状：最初表现为植株下部叶片死亡，而后向上发展，造成上部叶片乃至茎秆死亡。表现为根淡棕色，部分根腐烂，严重时造成整个鳞茎腐烂，当鳞茎腐烂后，引起茎根腐烂。防治方法：可用 3 亿 CFU/克哈茨木霉菌 20 倍液浸泡种球，也可在发病初期用 50％代森铵 200 倍液或 75％百菌清 500 倍液灌根，每株灌药液 200L，隔 7～10d 重复灌 2～3 次。

3. 基腐病（脚腐病）

基腐病由疫霉菌感染引起。症状：可危害百合茎、叶、花、鳞片，主要以花的嫩叶为主。叶部受害出现水渍状褐色小斑，后逐渐扩大成灰绿色。茎部发病时变色部分上下扩展、腐烂，造成茎（干）弯曲下垂；地下茎基部被感染处产生软腐，呈暗绿色至黑褐色并向上扩展，此时叶片变黄，在茎基部开始失色；在地上的茎基部也常常发生类似软腐的感染，引起茎猝倒或弯曲。发病严重时，花梗及鳞片也能受害。天气潮湿时，叶、茎、鳞片等腐烂部分皆产生白色霉层。植株脚腐（疫霉菌）会防碍生长或使其突然枯萎。疫霉菌及其变种在栽培过番茄、扶郎花等的土壤中普遍存在，在潮湿土壤中可生存多年，在天气多雨、排水不良、土壤和植物潮湿以及高温（20℃以上）的环境条件下可促使此病发生。防治方法：①用土壤消毒剂消毒被感染土壤；②在栽培期间施用控制腐霉菌的杀菌剂；③防止作物在浇水后长期处于潮湿状态；④保证土壤有良好的排水条件。

4. 灰霉病

症状：叶、花蕾、茎、花受害。幼嫩茎叶顶端染病，茎生长点变软，腐烂。叶上呈现黄色或赤褐色的圆形或卵圆形斑，四周水浸状,湿度大时,生灰色霉层。高温干旱,病斑干薄。浅褐色,扩展使全叶枯死。花蕾上初现褐色小点,扩展后腐烂,很多花蕾连在一起,湿度大时,长出大量灰霉,后期生黑色小颗粒菌核,茎上变褐或缢缩,折倒,个别鳞茎病后引起腐烂。该病病原菌以菌丝体在病部或菌核留在土中越冬,次春气温升高,产生分生孢子,借气流传播,田间分生孢子引起再侵染。生长适温 22～25℃,雨、雾多,湿度 90％以上,发病重且扩展快。

防治方法:①选健康无病鳞茎繁殖;②田间、温室注意通透性,勿过密植;③及时摘除病叶,清除病花,收后清园烧毁;④发病初期,用药防治,可用 62％嘧环·咯菌腈水分散粒剂 1 200倍液或 50％速克灵可湿性粉剂 2 000倍液或 50％扑海因可湿性粉剂 1 500倍液喷雾,采前 3d 停药。

5. 枯萎病

症状:枯萎病是一种真菌性的土传病害,由尖孢镰刀菌和茄腐皮镰刀菌侵染所致。感病后,最初底部叶片变黄,茎顶端变浅紫色,轻度弯曲;其次病株底部叶片枯黄或枯萎1/4 至一半,茎上部变紫弯曲;病株叶片再次枯萎一半以上,茎上部严重弯曲。最后全株表现症状,整株枯死,鳞茎盘变褐腐烂。防治方法:在百合枯萎病刚开始表现症状时,立即用 70％噁霉灵 5g 对水10～15kg 或 50％甲霜铜可湿性粉剂 400 倍液,均应每株灌药液200～250ml。每隔 5～7d 续灌 1 次,视病情轻重续灌 2～4 次。

此外,百合病害还有软腐病、青霉病、鳞茎及鳞片腐烂病、丝核菌病、病毒病等,在栽培过程中要注意及时防治。

(二)虫害防治

百合主要虫害有地下害虫和蚜虫、红蜘蛛、介壳虫、白粉虱等危害百合叶片的地上害虫。

1. 地下害虫

百合地下害虫危害严重,主要有蛴螬、金针虫、蝼蛄、蝇蛆等。而其中数量最多、个体最大、生长期最长、食量最甚、为害最烈的是蛴螬。它们啃食百合鳞片和须根,轻者造成鳞茎破损,影响地上茎的生长,重者咬断鳞茎盘,造成鳞茎"散瓣",甚至植株死亡。防治方法:一是百合前作收后要及时进行伏耕、秋耕。将犁地翻出来的幼虫及时收拾,集中后带出田间杀灭。二是土壤药剂处理。结合耕地亩用50%辛硫磷乳剂400~500g,与50kg过筛的细土或厩肥拌匀,制成毒土或毒饵撒入犁沟内,随机平整,这是消灭该虫的关键时期。三是播前施药。春播百合时,将上述农药用量减半对40kg过筛细土或厩肥制成毒土或毒饵,撒入栽植沟内,然后栽植百合。四是苗期结合中耕,将上述农药行间开沟施药1~2次。五是药剂灌根。在水源充足的地方,以50%辛硫磷乳剂1 500~2 000倍的稀释液于生长期间灌于百合植株根旁。六是每隔30d在根部淋洒1次草木灰浸出液25~30倍液进行防治,每次每株淋药液1~2kg。

2. 蚜虫

蚜虫1年可繁殖10余代,主要危害百合的嫩叶、茎秆,特别是叶片展开时,蚜虫寄生在叶片上,吸取汁液,引起百合植株萎缩,生长不良,花蕾畸形;同时还传播病毒,造成植株感病。危害高峰期在4—5月。防治方法:用20%甲氰菊酯乳油2 000倍液,或10%吡虫啉可湿性粉剂20g,或2.5%三氟氯氰菊酯乳油2 000倍液对水40kg均匀喷雾,均有较好的防治效果,也会减少病毒病的发生。

3. 根螨

成螨体长0.7mm左右,体色乳白,具光泽,前足红褐色。幼螨3对足,若螨与成螨相似,为4对足。卵椭圆形,长约0.2mm,白色。生活史为卵—第一若螨—第二若螨—成螨。第二若螨对不良环境的忍耐力强,为害性大。生长发育适温为22~25℃,

在适宜条件下,一年发生 10 代左右,1 个雌螨产卵约 100 粒,最多达 600 粒。根螨成群寄生在百合鳞片中,使鳞片腐烂,叶片枯黄,严重时抑制全株的生长发育。多发生在沙壤土和火山灰土,主要为害百合等球根花卉。根螨防治可用 1.8% 阿维菌素 3 000 倍液或 10% 吡虫啉 1 500～2 000 倍液,每 10d 喷洒 1 次,连续 4～5 次。

此外,红蜘蛛、介壳虫、白粉虱也是百合常见害虫,防治方法参考蚜虫防治。

三、鼠害

鼢鼠、鼹鼠是危害百合的主要鼠类,咬食地下鳞茎。目前防治鼠害的主要措施如下。

1. 生物防鼠技术

生物防鼠技术是指利用鼠类的天敌或者采用其他生物技术措施来实现防鼠的技术。鼠类的天敌种类很多,而且多都以鼠类为主要食物来源,比如说猫头鹰、蛇、黄鼠狼、狐狸等。利用鼠类的天敌进行防鼠具有明显的效果,即便是日常生产和生活中也有养猫防鼠的做法。保护、利用好鼠类的这些天敌,就能够实现较好的防鼠效果。

鼠类不仅有捕食性的动物天敌,一些植物也会对老鼠带来致命的作用。还有一些植物会造成鼠类不孕,比如说从天然植物中提取的精制棉酚和粗制天花粉配成的植物不孕剂,应用于鼠害防治中能够在短时间内降低区域鼠类种群数量,由于其对生态和鼠类天敌无副作用,因此具有较好的推广优势。

2. 化学药剂毒杀防治技术

化学药剂法是日常生活中常用的高效防鼠、治鼠办法,目前应用较多的是用溴敌隆、大隆等第二代抗凝血杀鼠剂,这类药剂对人畜比较安全,也有特效解毒药品,但对其他动物也有一定的危害作用。抗凝血慢性杀鼠剂灭鼠效果好,适宜于大面积应用。急性杀鼠剂毒性大,容易产生抗药性和拒食性,并且有很大的安全隐患,目前已经禁用。

3. 鼠类驱避剂

鼠类驱避剂就是利用一些能够有效驱鼠作用的化学或植物提取液,将之制成复合剂从而实现对鼠类的趋避作用。驱避剂可以散发出鼠类厌恶的味道,从而使鼠类对涂抹驱避剂的树木和树种敬而远之,实现驱鼠和避鼠的目的。目前比较常用的鼠类驱避剂有 R-8 复合忌食剂、云林鸟鼠驱避剂、多效复合剂等。福美双是天津农药实验厂生产的毒性较低的杀菌剂,用福美双和可溶性树脂胶制作的鼠类驱避剂,可以对鼠类、鸟类形成较好的驱避效果。

第五节 采收与贮藏

百合属百合科多年生宿根植物,其花枝与花朵、花蕾为观赏珍品,其地下球形鳞茎为食药兼用的营养保健食品,又是换汇率较高的传统出口商品。若采收和贮藏不当,易发生褐变、干缩,影响品质,而把好采收和保鲜贮藏关,将会使百合的身价倍增。

一、采收

1. 入药百合采收

药用百合栽种一年即可采收。在 9—10 月间,当茎叶枯萎时即可挖出,除去须根,掰下鳞片,并将接触土壤一层色泽不白的鳞片和内层白色鳞片分开,以便单独加工。加工时,洗净泥土,然后将鳞片倒入竹篓内,连竹篓一起放入沸水中煮 5～10min,煮时要不停翻动,当百合瓣背面有极小的裂纹时迅速捞出,再放凉水中漂洗 2～3min 去掉黏液。立即摊开暴晒或烘干。一般煮三次应换水,以免影响色泽。

2. 食用百合采收

食用百合以鲜百合为主,可随时采收,与细沙混合装篓筐中,放入湿度变化较小的冷藏室内或地窖里,可贮藏一段时间。食用与药用百合定植后的第二年秋季,当植株地上部分完全枯萎,地下鳞茎完全成熟时采收。选晴天或凌晨采挖,这时采收的鳞茎不仅产量高、质量好,而且耐贮藏。收后,切除地上部分须根和种子根,及时摊晾散热(不能日晒)并立即分级包装,以待贮藏或加工。

3. 观赏百合采收

观赏百合的采收与食用、药用百合有所不同。观赏百合主要是以花枝、花朵为采收对象。为了使消费者获得最好百合,应在百合充分成熟但又不是过分成熟即在花枝上第 1 朵花蕾充分膨胀、透色时采收为宜。过早采收不好,影响花色,过晚既给包装造成困难,又会因花粉散出而污染花瓣。有 10 个或更多花蕾的茎必须至少有 3 个花蕾着色。有 5～10 个花蕾的茎必须有 2 个花蕾着色,有 5 个以下的花蕾的茎必须有 1 个花蕾着色之后才能采收。过早采收则着色不好,采收过晚则花开放快不宜销售和运输。采收时间一般在早上 10 时前进行,这样可以减少水分的丧失,花苞不容易萎蔫;采收的切花在空气中暴露的时间不得超过 30min,采收后应尽快插入装有保鲜剂的清水中吸水,吸水 0.5～1h 后开始分级捆扎;分级时剔除花茎下部 15～20cm 的叶片,然后按品种、每支茎花蕾的数目(花头数)、切枝长度和坚硬度以及叶子与花蕾是否畸形来进行分级;分级后每 10 枝用胶圈捆成一扎,尽量保持花头和基部整齐,茎基部 10cm 的叶子应摘掉。去叶可增加它的观赏价值和延长百合的瓶插寿命,黄色或损伤的叶子也要摘掉。捆扎后用包装纸或包装袋包装后贴上标签,送往预先冷却的2~3℃水中或冷库预冷。

切花百合在装箱及运输中要注意两点:一是切花作商品发货前,应装在带孔的干燥箱子中,以防止产生高浓度的乙烯;二是在运输过程中应保持低温。

二、贮藏准备

贮藏食用与药用百合可采用地窖(坑)埋藏法,也可采用筐(箱)贮藏法,贮前准备是预冷、选果、消毒。

1. 预冷

将百合鳞茎均匀铺放在阴凉通风的地上散热摊凉,堆层高度以 2~3 只果球高为宜,摊晾的时间不宜过长,防止鳞片变色,一般 2~3d,以外表无水分为度。

2. 选果

选择色白、个大、新鲜、球形圆整、鳞片肥大、不带须根、无松动散瓣、棕色瓣的百合果球贮藏。

3. 消毒

贮藏用的竹筐、木箱等应事先用 0.5% 的漂白粉水溶液消毒,晒干后待用。所需黄砂要求洁净干燥、无杂质,湿沙应晒干冷却后方可使用。地窖、贮藏室应清扫干净,再用高锰酸钾或食醋熏蒸消毒。

三、贮藏

(一)食用、药用百合贮藏

新采收的百合水分高,呼吸旺盛,保管不好就会霉烂变质,影响其药效和价值。若用细沙贮藏百合,可保鲜又可保质。

1. 贮藏前原料的处理

刚采收的百合应放在荫蔽处,避免日光照晒,以防止外层鳞片变色和失水。在百合鳞茎挖取后应及时除去泥土、茎秆和须根,然后选择色白、个大、新鲜、无病斑的完整百合球茎分级贮藏。

2. 沙藏法的操作要点

(1)在阴凉的房屋或地下室内用砖砌一个埋藏池或坑,大小根据所贮藏百合的数量而定。

(2)在池或坑底部先均匀铺上 6～8cm 厚的细沙,然后把鲜百合球茎排列放置在沙上,再在其上覆沙 3～4cm 厚,又将一层百合球茎排放在沙层上,依此反复堆叠,堆叠高度以 1m 为宜,覆盖百合的沙土要稍干些,以免因湿度过高导致百合生根、霉烂。

(3)在百合四周顶部以土(或沙、稻草)覆盖,覆盖厚度以 20～30cm 为宜,不能太薄,否则易使百合磷茎脱水失鲜。

(4)堆内贮温以 6～10℃ 为宜,贮藏期间要经常检查,以防因操作失误而使堆内百合发热霉烂,万一出现发热现象,应按上述方法重新贮藏。

(二)种用百合贮藏

由于茬口安排,百合的采收期与播种期时间不一致等原因,需留种的百合采挖后要保存 30～50d 方能播种。为防止百合贮藏过程中受病虫危害、霉烂变质,留种百合贮藏应把握以下几个要点:一是在处暑前后(8月份)选晴天采收。二是用来贮藏留种的百合一定要充分成熟,含水量低,无病虫,没有损伤。捡球装筐时要去掉茎秆,除净泥土,剪去须根,轻拿轻放,分级装筐,并及时遮光,运回室内,防止田间日晒,以免外层鳞片变红和干燥,品质变劣,影响发芽率。三是选择母鳞茎肥大、整齐度一致、色泽洁白、抱合紧密、根系健壮、顶平而圆、苞口完好、无病虫伤、无异味、无烂片、下根多且粗壮、分囊清楚(每个种球具有三四个子鳞茎)的种球作种,无根种球不宜留作种用。四是对种球进行药剂处理。用500倍液的百菌清浸种20～30min,待晾干后即可保存。贮藏地点掌握"干燥、通气、荫蔽、遮光"的原则。选择一间空旷房间,用高锰酸钾熏蒸1次。切勿将种球放在水泥地面上。五是采取堆藏法,在地上铺一层7cm厚的清洁壤土(手捏成团,手松落地即散)或干细河沙,一般可堆三四层,第一层根朝下,排列整齐,再盖一层厚约4cm的土或沙,上面再放一层百合,根系朝上,再盖一层土或沙,以此类推,盖土或沙厚度以不露百合为宜,四周用土或沙封严,可贮藏到翌年春天。在百合贮藏过程中,在贮藏室挂置干湿温度计,控温控湿,改善通风条件。每隔20～30d检查1次,不宜过多翻动,如发现坏死腐烂的百合种球,应及时清除。

第六节　百合的繁殖方法

一、百合无性繁殖技术

(一)小鳞茎繁殖法

百合的老鳞茎在生长过程中能从茎轴上生长发育出多个新生的小鳞茎(图3-15)。秋季收获时,可将百合大鳞茎作为商品百合出售,将小鳞茎采摘收集用作繁殖种料。取种方法是:竹刀或其他器具将百合植株基部切除,大小鳞茎便会自动分离;大小鳞茎要分类放置,随收随种。用小鳞茎培育良种时苗床行距以24～26cm为宜,沟深以5～7cm为宜,在苗床的畦沟里每隔5～7cm置入一个鳞茎,第二年春季出苗后加强田间管理,秋季即可收获。收获时要根据培育出的百合良种的重量甄别去留,即个体重达到50g以上的可选作良种种植,个体重不足50g的继续种植培育。

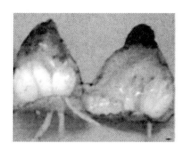

图 3 - 15 百合小鳞茎繁殖

收获的小鳞茎,如一时不能播种,应用湿沙和小鳞茎相拌沙藏。翌年春季,在整平耙细的高畦上,按一定行株距[(15～20)cm×3cm]开沟条播。条播前要先用甲醛溶液浸泡小鳞茎15min进行消毒,在栽种前用取出稍晾干后再进行栽种,以预防病虫害的危害。

利用小鳞茎育苗,摆播密度较大,亩用种量50～100kg,苗床面积小,有利管理,经一年栽培,小鳞茎会再分生出1～3个小球,可再次进行分栽。小鳞茎育苗,一般经2～3年即可作为种球利用。

小鳞茎育苗的苗床要事先耕翻整平,做好畦,开好沟。畦面一般宽80～100cm,畦的长度按实际情况确定。

(二)鳞片扦插繁殖

鳞片扦插繁殖,又称鳞片繁殖法(图 3 - 16)。当百合收获后,选择生长健壮、无损伤和无病虫危

图 3 - 16 百合鳞片扦插繁殖

害的大鳞茎,切去基部,留下鳞片,晾干数天。在整好的苗床上按 20cm 的行距开横沟,沟深约 7cm,然后每隔 3～5cm 向横沟里摆入鳞片 1 块(置放时鳞片顶端朝上),栽后覆土 3cm 厚,土表层上面再覆盖一层稻草。鳞片栽种后当年生根发芽,第二年春即可长出幼苗,再培育两年,地下鳞茎个体重达 50g 左右时,即可成为百合良种。采用鳞片繁殖方法每亩需百合种鳞片约 150kg。

鳞片扦插繁殖是百合常用的繁殖的方法之一。早在 1621 年的《群芳谱》中就记载了百合鳞片的扦插繁殖,此方法的特点是操作简单,繁殖系数高,是除组织培养外的一种快速繁殖百合的有效方法。

1. 扦插时间

鳞片扦插多在秋季或春季挖掘成熟百合鳞茎时进行。用鳞片作为扦插繁殖材料,鳞片的活力大小直接关系着扦插的效果。在不同的生育期间,百合鳞片的活力是不一样的,一般认为春季鳞片的活力最强,更适合进行扦插繁殖。

2. 扦插基质选择及消毒

扦插基质可选用泥炭、珍珠岩、椰糠、锯末、草炭、沙子、腐殖土和纯细河沙等。其中以珍珠岩∶腐殖土＝1∶1 的基质配比最佳,具有较好的物理结构和较高的营养水平,能有效地提高繁殖系数,降低生产成本。

目前基质消毒方法主要有蒸汽消毒和化学药剂消毒两大类。一般而言,化学药剂消毒不及蒸汽消毒的效果好,而且对操作人员有一定副作用。蒸汽消毒是利用高温蒸汽(80～95℃)通入基质中以达到消灭病原菌的方法。消毒时将基质放在专门的消毒厨中,通过高温蒸汽管道通入蒸汽,密封 20～40min,即可杀灭大多数病原菌和虫卵。在进行蒸汽消毒时,要注意每次进行消毒的体积不可过大,否则消毒不匀,会有部分基质在消毒过程中,温度未能达到杀灭病虫所要求的高温而降低消毒效果。另外,进行蒸汽消毒时,基质不可过于潮湿,也不可太干燥,基质含水量一般以 35%～45%为宜。

3. 扦插鳞片的选择与消毒

(1)鳞片的剥取及处理。选取成熟度良好的健壮种球,去除最外围的个别萎缩、病伤的鳞片,剥取外、中层健康的鳞片。剥鳞片时要小心,以免划伤鳞片表面,导致插后腐烂,每个鳞片要带上一部分基盘组织,以利于小球生成。

(2)鳞片消毒。常用的药剂有多菌灵和克菌丹等。50%多菌灵的使用浓度是 800 倍溶液,并浸渍 20min;克菌丹用 1∶500 的溶液浸渍 30min。还可用 70%酒精浸摇 30～60s,然后用饱和漂白粉上清液消毒。鳞片消毒后一般需用清水冲洗干净后阴干备用。

4. 扦插方法

将经过消毒阴干的鳞片凹面向上斜插入基质中,苗床扦插密度一般为 500 片/m³,鳞片间距约为 3cm,扦插深度为鳞片长度的 1/2～2/3,另 1/2～1/3 露出介质之外。为了促进鳞片扦插的成球率和小球的生根率,扦插前利用 50～100mg/L 的 IBA 浸泡 4h 或 100～300mg/L 的 NAA 速蘸鳞片,既可保证较高的生球率,又能提高小球的生根率,从而使小球能够从外界吸收更多的水分,加速生长进程。

5. 插后管理

(1)水分管理。鳞片扦插后要立即喷水,使鳞片与扦插基质密切接触,介质相对湿度保持在 30%～50%,以后尽量少浇水,以防鳞片因过分潮湿而腐烂。较高的环境湿度是扦插成功的保证。鳞片在剥离母体后,发根之前仍不断蒸发,但没有吸水能力,因此必须保持基质有足够的水分,否则蒸发过度会造成鳞片枯萎。除保证一定的扦插基质湿度外,空气湿度同样重要,大量研究证明,高温、高湿可促进百合鳞片尽快诱发出小鳞茎;如只有高温,没有高湿度,就会延迟小鳞茎的增殖时间,降低繁殖系数。为此,扦插环境的空气相对湿度应保持在 90% 左右。

(2)温度管理。大多数百合鳞茎在 10～30℃ 条件下均可扦插成活,但以 20℃ 左右的恒温条件最适合鳞片萌生小子球。一般鳞片插后苗床温度要保持在 20～25℃,前 10d 温度可高至 25℃,但此后温度不宜超过 23℃。为保持苗床温度,可采用塑料薄膜或遮阳网覆盖。

(3)光照条件。鳞片扦插对日照没有特殊要求。但研究表明,以鳞片为外植体进行扦插繁殖,在避光条件下更有利于子球的形成。因此,插后可覆盖黑色地膜或麦草、稻草,遮光保湿。遮光、保温可结合进行。

(4)小鳞茎收获及大田培养。鳞片扦插 40～60d 后,在鳞片基部伤口处产生带根的小鳞茎。一般每个鳞片可产生 1～5 个小鳞茎,小鳞茎直径 0.3～1.0cm,上面长出 1～5 条幼根。待小鳞茎长大时,原扦插鳞片开始萎缩,即可瓣下小鳞茎移植到大田培养。应选择夏季气候冷凉湿润时,在土壤疏松、肥沃的地方作种植床。由于鳞茎很小,可采用条播方式,播种深度 3～4cm,行距 12～15cm,株距 4～6cm。秋季播种时,播后覆草越冬。第 2年出苗时揭除覆盖草,白天温度维持在 20～25℃,夜间 10～15℃。土壤湿度以手握成团而不出水,放手散开为准,含水量 50% 左右,空气相对湿度 80%～85% 为宜。每隔 15～20d 追施氮磷钾液态复合肥 1 次,氮、磷、钾的配合比为 5∶10∶10,浓度为 2.5～3.0g/L,连续 3～4 次。秋季地上部枯萎后掘起鳞茎,即可作播种用子球。按围径小于 5cm、5～7cm 和 7～9cm 分级,随后立即播种。小鳞茎经 2 年的培养后,即可用作开花球。在鳞茎第 2 年的培养中,有些会出现花蕾,应注意及时摘除这些花蕾,以利于地下鳞茎的培养。

(三)珠芽繁殖法

百合植株在叶腋可长有珠芽,当夏季花谢后,珠芽即自行脱落,将脱落的珠芽置入苗床后再按照培育百合良种的常规方法,加强田间管理、合理运筹肥水,也能培育出百合良种。

(四)茎段和叶片扦插

1. 嫩梢扦插

选用当年生 10~13cm 长、健壮无病的嫩梢做插条,用生根液处理茎部(4~5cm),然后将嫩梢扦插到苗床的营养钵内,使其生根形成独立植株。扦插后土壤相对湿度应保持在 80%~90%,温度控制在 20~30℃。一般扦插 20d 后即可生根,1 个月后可移植到大田定植。

2. 埋干育苗

埋干育苗的优点:一是埋干育苗可增加种源数量,加速百合繁殖速度;二是利用百合茎秆直接育苗,可达到秸秆还田、增加土壤肥力的目的。埋干育苗的方法:每年百合开花后,收获百合鳞茎前,人为地剪下百合地上茎,带叶埋入已做好的苗床地中。一般先在苗床上开 4~5cm 深、5~7cm 宽的沟,然后将剪下的茎秆平放于沟中,再覆土至床面平(图 3-17)。此时应立即浇水,使土与百合叶、秆、珠芽密切接触,经过一般时间的培育,

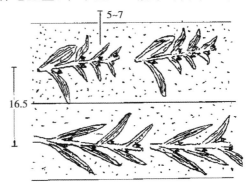

图 3-17 百合埋干育苗示意图(单位:cm)

秆的叶腋间便会产生新的植株。

3. 叶片扦插

叶片扦插方法有带踵扦插(带一小部分茎秆的材料)和不带踵扦插两种。用于扦插的叶片,必须充分成熟,取下叶片时先用杀菌剂消毒(有条件的可用 NAA 100~150mg/kg 生长素处理);叶片扦插的基质宜选疏松肥沃的腐殖质土或者泥炭,不宜用沙。基质同样要进行消毒。扦插后要控制湿度和光照(明亮光),温度保持 17~25℃,初期温度要稍高,等小球萌生、叶片枯萎,就可以利用小球栽植。

(五)组织培养繁殖

1. 外植体的选择与处理

外植体有鳞片,叶片,株茎,花蕾,花梗,胚,茎段,茎尖等,生产常用的以鳞片和叶片为多。以鳞片为例,首先选择健康、充实、无病的种鳞茎,去除外层老化鳞片和内层鳞片,采用中间部位的鳞片。先用自来水冲洗 1~2 遍,再用洗涤剂清洗干净放入75%的酒精中浸泡消毒 10min,取出后用无菌水冲洗 3 次。较大的鳞片可切成小块,最后用滤纸吸干材料表面水分 10min,以备接种。

2. 试管苗的诱导

百合诱导成苗大致有以下几种途径。

(1)由鳞片小切块诱导成苗。鳞片小切块接种后,一般先分化出白色、黄绿色和绿色球形突出的小芽点,继而芽点逐渐增长,长成小鳞苔,并可生长出叶片,形成苗丛,生根后即可从试管中取出,移栽于育苗盒,再过渡到大田。也可将小鳞苔继代扩大繁殖。

(2)由无菌小鳞片诱导成苗。取试管中的无菌小鳞片,在超净工作台上将小鳞片逐渐接种培养基上,鳞片内侧面向上,培养

20d左右即开始分化,再培养20d左右即可分化出带根或不带根的小鳞苔。

(3)由叶片诱导成苗。在超净台上取无菌叶片,接种于培养基上,培养30d后即可分化出带根的丛生小鳞苔4～6个。叶片培养可直接插入培养基中,但要注意极性,不可倒置。也可平放于培养基上培养,以叶片下表面向下接种的方式为好。

(4)由愈伤组织诱导成苗。上述的外植体分化成苗过程中,伴随着产生愈伤组织。愈伤组织一方面可继续增殖新愈伤组织,另一方面又不断地分化成苗。每个试管里的愈伤组织可分化成苗20～30个,这样即可周而复始分化出大量的试管苗。

二、有性繁殖

百合有性繁殖即种子繁殖法,在百合种植中很少采用,因为这种方法从种到开花一般需好几年时间。但在某些特定场合和条件下,如在新品种选育时,则经常采用种子繁殖法。采用种子繁殖要注意两点。

1. 采种

百合种子应采用百合实生苗的优良单株种子。如台湾百合和王百合从种子种下到开花只需一年半时间,所以优良单株的种子是自由授粉或控制授粉条件下产生的,这种种子营养充分、健全、抗逆性强、遗传能力强。

每年夏秋季节百合种子成熟时是种子采集的最佳时机,要及时进行人工采摘。为培育生长稳定、产量高的理想种苗,采种时必须有选择性和针对性,应采摘生长健壮、无病虫害、秆健壮及叶子排序均匀的优良植株的种子。不可一刀切,更不能见种就采,否则达不到好种育壮苗的效果。

百合蒴果一般在9—10月成熟,采收果实后及时脱粒,取出扁平而周围具膜翅的种子,净选除去杂质。百合种子量大,1个蒴果中可产几十或百粒以上的种子。百合种子大小、千粒重因品种而异。每年秋季采下种子后可立即播种。若翌年春播,需将种子阴干后进行湿沙层处理,于翌年清明后取出播种。

2. 选好播种基质

播种基质直接影响出苗及幼苗生长,应认真选择。一般可以 2 份土壤,2 份腐叶土(或发酵锯末)加 1 份河沙配置;或珍珠岩和蛭石混合 1 份,2 份土壤 2 份腐叶土配置。

第四章　百合高效栽培模式

第一节　幼龄果树套种百合栽培技术

一、品种选择

幼龄果树套种百合,品种应选择经当地试验,适应当地气候条件、市场适销的药用、食用或观赏用的品种,浙江省宁波市一般多选用东方系或亚洲系或麝香百合的杂交组合。作为生产用百合种球要选取当年收获,鳞茎抱合紧密、色白、整齐、无病斑、无虫蛀、无机械损伤,质量在 40g 左右的小鳞茎或鳞片为种。

二、栽培方法

幼龄梨、柑橘等地,株行距 3m×4m 的,套种百合要距树干 1m 左右向周围扩展,株行距应视果树树龄确定,树龄长的(如 5 年以上)遮阴大,株行距宜稀;树龄短的(如 1~3 年)株行距可以稍密一些,一般以 16cm×25cm 的株行距栽植百合种球为宜。栽植百合种球前先深翻土地 20~30cm,施足基肥。一般亩施优质腐熟农家肥 1 500~2 000kg,三元复合肥 80~100kg。耙平后播种前结合天气情况,根据土壤墒情浇透水 1 次。10 月底按照已设定的株行距挖穴,种球芽端向上,栽种深度为百合鳞茎顶端入土 3~4cm,稍压紧。

三、田间管理

1. 松土除草

翌年春季百合出苗前(清明前后)及时松土、除草。百合出苗后在田间铺盖一层稻草,据试验,田间铺草,一可防土壤板结、保湿;二能在伏天降温(土温可下降 2～3℃),整个生长季节根据植株长势进行 2～3 次松土除草。

2. 肥水管理

百合萌芽齐苗后要小水勤浇,保持土壤湿润(土壤含水量宜 70％左右)。雨季注意及时排水,保证种植区内不长期积水;百合生长旺盛期结合浇水追肥 2～3 次,可使用水溶性肥料,每次 10kg,每 2 次追肥间浇 1 次空水(不含肥料的清水)。注意肥水不可直接接触植株,并且及时进行根部培土,防止鳞茎外露。

3. 摘蕾

5、6 月份百合现蕾后要及时摘蕾,以减少养分消耗。摘蕾时期以花蕾伸出顶端 2～3cm 时最为适宜,摘蕾早则易损伤茎叶,迟则加大养分消耗。

4. 病虫害防治

参阅本书第三章第四节。

四、适时采收,保质贮藏

参阅本书第三章第五节。

第二节　甜椒套种百合栽培模式

一、甜椒栽培技术要点

1. 定植前准备

(1)选好定植地块。栽植地选前茬未种过茄科作物的田块。

(2)施足基肥。基肥一般可在定植前一个月,结合整地作畦开沟施入,一般可亩施腐熟栏肥 1 500～2 500kg、三元复合肥 20～30kg,保证全生育期肥料需求。定植前半个月,每亩用 10kg 复合肥施入种植行内。定植时每亩用焦泥灰 1 000kg、磷肥 25kg 撮穴施入,并与土拌匀后移栽,使甜椒成活即可吸收到养料。

（3）土壤深耕消毒。甜椒定植地要求深耕不少于 30cm,整平整细,然后土壤消毒。土壤消毒可选用秸秆生物反应堆技术、夏季高温闷棚技术或棉隆、申嗪霉素等化学、生物农药消毒技术。

2. 品种选择

宜选择耐低温、弱光的甜椒品种,适合浙江省宁波一带大棚（温室)越冬栽培的品种有"中椒"系列、"海丰"系列和"嘉配"系列等。

3. 培育壮苗

（1）苗床准备。选择地势高燥、排水良好、上年未种过茄科作物的地块作苗床。床土配制选用经过日晒未种过茄科作物的菜园土 2 份,充分腐熟农家肥 1 份,按每立方米加普通过磷酸钙和硫酸钾各 1kg,用多菌灵和辛硫磷消毒杀菌,混合均匀后铺在苗床上,每亩需苗床 10m² 左右。

（2）种子处理。可用 55℃ 温水浸种 10～15min,并不停搅拌,自然冷却后再浸种 10～12h,用纱布捞取滤干。

（3）适时播种。山区早春气候多变,浙江省海拔 600m 以上山区稳定通过 10℃ 初日一般多在为 4 月 20 日左右,因此在此之前播种,如气温和土温达不到甜椒发芽要求,可采用塑料薄膜小拱棚覆盖育苗,以有效防御低温。播种前浇足底水,水下渗后,每立方米床土拌 50% 多菌灵可湿性粉剂 8～10g,1/3 垫 2/3 盖。播种适期因地区不同有所差别,据浙江省天台县蔬菜经济作物试验站试验,以 4 月 5 日左右播种为宜;宁海县试验以 4 月 3 日为宜。适时播种不但成苗率高,生长健壮,而且移栽后易早发,产量高。天台县试验,适时播种的亩产达 2 209.8kg,比 3 月 15 日过早播种的亩产 1 946.4kg 增 13.5%,比 3 月 25 日播的亩产

1 995.8kg 增 10.7％；宁海县 4 月 3 日播种，4 月 13 日出苗，5 月 29 日移栽的，也比过早播种或过迟播种的有较好的增产效果。

推行营养钵带土移栽，是夺取高产的有效措施。天台县于甜椒出苗后 20d 左右，将具有 2～4 片真叶的甜椒苗，从苗床移入营养钵（或营养土块）中。营养土用 60％园土，30％腐热栏肥，10％焦泥灰，加 0.2％磷肥混合而成。由于营养土营养全面，植株生长健壮，定植到大田不伤根系，成活率 100％，无缓苗过程。天台县试验证明，营养钵育苗移栽的开花结果早，开摘甜椒时间比没用营养钵移苗的早 15d，甜椒多采 2 次，单株结果数 17.5 个，比非营养钵 15.3 个多 2.2 个；单果重 72.5g，比非营养钵 72g 增 0.5g；亩产量达到 3 806 kg，比非营养钵 3 305 kg 增 501kg。

（4）苗期管理。出苗前保温保湿，待 30％的幼苗出土后揭去地膜，并补足水分。苗出土后、气温在 12℃以上时，白天揭开小拱棚通风降温，晚上覆盖以防霜冻，适时间苗，幼苗 2～3 片真叶时进行假植，株行距 8cm×8cm，定植结束后浇水，盖小拱棚，闷棚 3～5d，待苗直立后揭棚通风炼苗，强光照射时可覆盖遮阳网防晒降温，保持床土下湿上干，7～10d 后以 1∶（3～5）的沼液肥追施一次。

甜椒苗可自己培育，但由于育苗期在 7 月末至 8 月初，此时温度高、光照强，农户育苗风险大，因此，也可选购专业育苗公司工厂化无土培育的甜椒苗。

4. 作畦定植

定植时应注意合理密植，山区一般土壤较为瘠薄，甜椒植株生长不会太高大，按平原密度栽种，往往难以封行，致使地力和光能浪费。因此栽植密度一般不宜太稀，天台县试验认为以畦宽（连沟）1.1～1.3m，每畦栽 2 行，行株距 60cm×30cm，亩种

4 000株左右为宜。

在种植方式上,宁海县陆新苗等试验结果认为以交叉式种植为好,在相同行株距(畦宽连沟1.3m种2行,株距40cm)、相同亩株数(2 565株)的密度条件下,交叉式种植的每株结果数为6.2个,比直式(CK)种植的,多结14.8%。经实称产量,交叉式种植每亩产量为2 056kg,比CK增产388.0kg。

5. 定植后管理

(1)光照、温度、湿度管理。定植后适度遮光,每天8h光照。白天温度控制在20～28℃,夜间温度控制在10～15℃,温度下降及时上草帘、覆膜提温防寒,棚温高时放顶风,遮盖遮阳网降温。空气相对湿度保持在75%～85%。

(2)肥水管理。定植后要及时浇缓苗水,缓苗水要浇足浇透,最好安装滴灌设备浇水。开花结果期控制浇水,一般从门椒膨大开始浇水,同时随水追施复合肥5～8kg。以后的浇水施肥时间间隔要根据不同季节和不同土壤结构选择,冬天要减少浇水量和延长时间间隔。每次浇水都要随水施肥。

(3)整枝。一般采取3干整枝,及时摘除门椒后去掉弱干,留3个主干,每干保留主干椒和第一侧干椒,然后在侧干椒前留2片叶掐尖。生长中后期要及时清理植株下部的病老叶和无效枝,有计划地疏花疏果。

6. 病虫害防治

甜椒病虫害主要有疫病、炭疽病、根腐病、病毒病、蚜虫、白粉虱、蓟马等。疫病用58%甲霜灵锰锌可湿性粉剂600倍液喷雾防治;炭疽病用80%炭疽福美可湿性粉剂800倍液喷雾防治;根腐病用25%吡唑醚菌脂800倍液或25%嘧菌酯1 500倍液防治;病毒病在防治蚜虫的基础上,用20%病毒A可湿性粉剂500倍液防治;蚜虫、白粉虱、蓟马等虫害用10%

烯啶虫胺乳油 2 000 倍液防治；蚜虫、白粉虱可用黄板，蓟马用蓝板诱杀成虫。

7. 收获

当果实达到果肉肥厚、色泽浓艳、果皮有光泽、果形大小符合本品种标准时及时采收。

二、百合栽培技术

参阅本书第七章。

第三节　"鲜食玉米—百合"一年两熟栽培技术

鲜食玉米，又称"甜玉米"、"水果玉米"，籽粒含糖量比普通玉米高出 10 倍左右，且蛋白质中氨基酸组成接近人体，油分含量也高于普通玉米，富含维生素和铁、锌等。

鲜食玉米的鲜穗可食用或削粒后做成甜玉米罐头。鲜食玉米与百合可以搭配栽培，一年两熟，经济效益较高。

一、鲜食玉米栽培要点

(1)品种选择。选用适销对路、早熟、高产、优质和抗性强的品种，如"华珍""浙甜"系列品种等。

(2)适时播种，合理密植。6 月下旬至 7 月下旬苗床或营养钵集中播种育苗，7 月上旬至 8 月中旬移栽；或 7 月上旬至 8 月上旬直播。前茬种植的百合采收后，沟畦位置可维持原状不变，一般可每畦种植 2 行，株距 30cm，每亩种植 2 800～3 300 株。

(3)田间管理。要求施足基肥，早施苗肥，重施穗肥。将全部磷、钾肥和 50% 的氮肥作底肥一次性施入，其他 40% 氮肥作穗肥、10% 作苗肥进行追施。底肥最好施优质腐熟有机肥或复合肥，不能单一施用化肥。一般亩产鲜穗 700～800kg 的需肥量折合成纯 N15kg、P_2O_5 7kg、K_2O 10kg。

（4）及时防治病虫害。在心叶末期用高效低毒农药如 BT 乳剂、菊酯类农药等防治玉米螟。为提高果穗的结实率,还应进行人工辅助授粉。

（5）及时采收。鲜食玉米在授粉后 20d 左右,当花丝变褐色、玉米籽粒表面有光泽时即可收获,采收过晚皮厚渣多,甜度下降。用干净的网袋包装后即可上市。甜玉米采收后可溶性糖含量迅速下降,籽粒皱缩,味淡渣多,风味变差,因此应及时销售或深加工。

二、百合栽培要点

选择适栽地,整地施肥;适时栽植,合理确定密植程度;播种前做好种球处理;实行科学管理,促进高产适时打顶;做好病虫害防治;适时采收贮藏等技术环节。具体可参阅本书第七章。

第四节 "春黄瓜—晚稻—百合"栽培技术

"早春黄瓜—晚稻—百合"水旱轮作栽培新模式,不仅能培肥地力,减轻土传病虫害的发生,还能实现土地单位面积高产。据魏章焕等人测算,实施此模式,黄瓜亩产量按 5 000～6 000 kg,亩产值约 5 500 元计算;水稻亩产量按 450kg,亩产值按 900 元计算;百合亩产量按 650kg,亩产值按 19 500 元计算;实行水旱轮作,3 茬亩总产值可以达 2.5 万元。

一、早春黄瓜大棚栽培技术

1. 选择品种

选择耐寒性好、生长势旺、抗病性强、分枝少、坐瓜均匀、丰产潜力大、肉质脆嫩、瓜条整齐顺直、商品性好的"津春"系列、"津研"系列、"中农 8 号"等早熟品种。

2. 育苗时期与方式

浙江宁波一带,早春黄瓜一般在 2 月中下旬至 3 月中下旬播种,早春由于气温较低,宜用大棚套小棚外加盖草帘的保温设施。

3. 配制营养土

营养土的合理配制比例最好按照体积算,田土和充分腐熟有机肥的比例为3:2或2:1。因土质和肥料质量不同,可适当调节土、肥比例。田土和有机肥在混合之前先过筛,然后按照比例掺匀。为防治地蛆和土传病害危害幼苗,在配制营养土时,应先用90%的敌百虫晶体和甲基托布津可湿性粉剂800倍液均匀喷洒在营养土上进行消毒。对营养土水分含量的要求因制作营养土的方法不同而异。在塑料营养钵、纸袋和塑料薄膜桶时,对水分要求不严,但不能太湿。营养土配制后要堆放在温暖处7~10d后装入塑料钵,营养土面要离钵口1.2cm,摆好营养钵后,再覆盖1~2层地膜提高地温。

4. 浸种与催芽

将精选的黄瓜种子放在55℃温水中浸泡6h,边浸泡边搅拌,至水温30℃左右时捞出种子沥干水分,用湿布包好置于28~30℃的保温箱催芽,催芽过程中要翻2~3次。

5. 培育壮苗

出苗前,白天温度应保持在28~32℃,夜间17~20℃;出苗后及时揭去地膜,白天温度控制在22~25℃,夜间温度15~17℃。

6. 整地与定植

黄瓜忌连作,要选择土壤肥沃、前茬未种过瓜类作物、前茬收获后精细整地的地块种植。要重施有机肥,配施生物肥和化肥。一般可亩施腐熟有机肥2 500~3 000kg,复合肥30~40kg,固氮或解磷、解钾生物肥1kg左右。畦宽一般为1.3~1.5m,沟深20~25cm。每畦种2行,株距30cm,亩栽1 500株左右。栽后浇足定植水。

7. 田间管理

定植后 1 周要盖好小拱棚和草帘,关好大棚门,同时施 1 次提苗肥,提苗肥的用量视苗势和土壤肥力而定,一般可亩施硫酸钾 8kg 或尿素 10kg。黄瓜最适生长温度 18～30℃,可通过开启通风口调节。田间管理要注意清沟排渍和避免阴雨降温天气浇水,开花结瓜前需水量少,结瓜期需水量多,如遇干旱天气要注意浇水。结瓜期每隔 10d 追肥 1 次,亩施 45% 三元复合肥 15kg。

二、晚稻栽培技术

1. 选用良种

选用适宜当地栽种、增产潜力大、生育期较长、抗病性强的耐肥抗倒杂交水稻品种。

2. 深翻整地

早春黄瓜收获完毕后要清理残茬余枝,深翻整地,施足基肥,及时抛栽晚稻。

3. 田间管理

应掌握以下技术要点。

(1)稀播短龄。掌握每亩用种量为 1kg,秧田面积为 0.1 亩,移栽秧龄 20～25d,适宜播期为 5 月底至 7 月上旬。

(2)稀植浅插。要求每亩栽 1.3 万～1.6 万丛,即密度 20cm×23cm,最好采用宽行窄株,东西行向插种,插种时尽可能浅且立苗,每丛插 1 株。

(3)浅灌控肥。移栽 15d 内,轻搁田二次,即每星期一次,最好白天浅灌,夜排水露土。每亩氮肥用量要控制,一般追肥尿素控制在每亩 25kg 以内,移栽 15d 内,分二次施下。

(4)防治病虫害。在分蘖期、孕穗期要注意各类螟虫防治,根据病虫情报施用对口农药。在抽穗前 7d 喷施井岗霉素或保穗宁预防稻曲病。同时还要注意稻飞虱的防治。

三、百合栽培技术

参阅本书第三章。

第五节　观赏百合切花循环栽培模式

观赏百合切花生产中成本最大的投入是购买种球,约占生产成本的 70% 以上,因此,降低种球投入是经营者能否盈利的关键因素。兰州市农业科学研究所徐琼、冯玮弘等人于 2004—2009 年间,以"曼妮莎"(Manissa)、"如宾娜"(Robina)、"康伽德奥"(Concad'O)、"西伯利亚"(Siberia)、"索帮"(Sorbonne)、"耶罗林"(Yelloween)6 个品种为供试材料,进行了一系列试验。

徐琼等人在该模式试验中探索了以下几个问题。

1. 一次种植循环采切与切花质量的关系研究

徐琼等以上述 6 个品种为试材,于 2004 年 7 月 6 号种植,常规管理,在 9 月 18 日至 10 月 5 日陆续采收切花。采切时保留植株基部的 10～15 个叶片。采收后,撤除遮阳网,施用硝酸钾做叶面和根部追肥,正常养球管理。11 月初种球进入自然休眠。以后每年 3—4 月份自然发芽,进入新一轮的切花栽培阶段和 11 月的休眠阶段。如此往复循环 4 年,至 2008 年挖出种球入库。栽培基质选用泥炭土,基质配方按徐琼等方法进行。栽培设施为简易钢架大棚,栽培槽宽 100cm,深 30cm。常规管理。切花率统计和质量等级划分参考《花卉标准汇编》进行:切花率=各等级切花之和/正常出苗的总株数×100;质量等级=同等级切花之和/正常出苗的总株数×100%。结果表明:不同品种不同规格第 1 茬切花率差异不明,均在 90% 以上。但从第 2

茬起品种之间切花率的差异明显："西伯利亚"表现出连续 2 茬切花后，第 3 茬、第 4 茬无切花。"索帮"表现出连续切花的能力最差，4 茬平均切花率达 62.7％，且呈大小年现象。连续切花能力表现最好是"曼妮莎"，连续 4 茬的切花率均在 96％以上。"如宾娜"、"耶罗林"、"康伽德奥"的连续切花能力依次减弱。

试验结果表明：同一品种不同规格的连续切花能力表现出种球越大切花率越高，采用 16/18 和 18/20 这两种规格的种球连续切花率好于 14/16 规格。

2.栽培模式与切花质量、切花率的关系研究

徐琼等选用品种"曼妮莎"（周径为 18/20）为试材，设置 4 种栽培模式，循环栽培 2 茬。试验于 2005—2006 年进行。栽培条件、管理方法及切花率和质量等级统计同上述。

栽培模式一：一年一茬，宿根栽培。7 月 6 日种植，9 月 18 日至 10 月 5 日采收。11 月初种球进入自然休眠。以后每年 3—4 月自然发芽。

栽培模式二：一年二茬，自然休眠，宿根栽培。9 月 5 日至 10 月 5 日种植，12 月 10 日至翌年 1 月 20 日采收，3 月 20 日后宿根休眠，5—6 月发芽，8—9 月中采收 2 茬花。

栽培模式三：一年二茬，人工休眠，起球栽培。8 月 25 日至 9 月 15 日种植，12 月 5 日至 12 月底采收，养球栽培至翌年 5 月 10 日，起球装箱入库冷藏，冷藏温度 2℃，9 月 1 号出库种植，1 月 20 日开始采收。

栽培模式四：一年二茬，自然休眠＋人工休眠，起球栽培。9 月 5 日至 10 月 5 日种植，12 月 10 日至翌年 1 月 20 日采收，3 月 20 日后宿根休眠，5 月初萌动时起球装箱入库冷藏，冷藏温度 2℃，8—9 月出库种植，11—12 月采收。

对照 CK：一年一茬，每茬种植新种球。9 月 20 日至 10 月

10 日种植,12 月 23 日至翌年 2 月 10 日采收。

结果表明:品种不同、规格不同、连续栽培茬数不同均对切花质量有影响。供试的 6 个品种均表现出第 1 茬种球越大,切花等级 A 级的比例越高,表现明显的是"曼妮莎""如宾娜""康伽德奥",14/16 规格种球的 A 级花率全部为 0,而 16/18 和 18/20,这 2 种规格种球的 A 级花率按以上品种顺序分别为 27.4%、85%;33.8%、85.4%;74.3%、92.7%。但随着栽培茬数的增加,品种"曼妮莎"的 A 级切花率比第 1 茬要高,如 18/20 规格的在第 1 茬、第 2 茬、第 3 茬、第 4 茬的 A 级切花率分别为 74.5%、81.4%、86.6%、95.7%。实地观察,植株的长势逐渐增强。

徐琼等人的试验,对比了"曼妮莎"(周径为 18/20)在 4 种栽培模式下的切花质量与切花率。结果表明,栽培模式一的总切花率和 A 级切花率最高,分别为 98%、77.9%。栽培模式三的总切花率和 A 级切花率最低,分别为 95%、47.3%。

3. 栽培模式的生产成本与效益比较

为便于计算,徐琼等人比较时未将温室大棚的固定资产投资和水费计算在内,构成成本的项目为种球、基质、人工、肥料、农药、燃料等。通过对实际生产中的生产成本进行统计,产值核算中,设定百合切花等级与价格的关系:A 级,每扎 100.0 元;B 级,每扎 85.0 元。对比结果表明:1 次种球投入,循环 2 次采收切花的 4 种模式均比一次性采收切花(CK)生产成本低,每棚的生产成本最大的是对照,为 87 220 元,最小的是栽培模式一,为 45 220 元,二者相差 4 2 000 元。在 350m² 的大棚中每棚次种植种球 7 000 粒,按 95% 的切花率计算,2 茬共生产切花 13 300 枝,4 种循环栽培模式的单枝切花成本均比对照低,最低为栽培模式一的 3.4 元,最高为对照的 6.6 元,二者相差 3.2 元。

在一定切花率下,A级的比例越高,其生产效益越高。产值从高到低排序为模式一、模式二、模式四、模式三,产值最高的为模式一,为 8 565元/千枝,产值最低为模式三,为 7 590元/千枝,两者相差 975 元/千枝。在扣除成本后,效益最高的是模式一,为 5 160元/千枝,效益最低的是对照,为 1 750元/千枝,二者相差 3 410元/千枝,单枝效益相差 3.41 元。

第五章 百合的开发与利用

第一节 百合产品开发现状及产品简介

一、产品开发现状

长期以来,百合的利用一直围绕以下两个方面。一是鲜食,如蒸、煮、炒、烩食、做羹、熬粥等。二是加工,如将百合加工成百合干、百合淀粉、百合晶等。

20世纪80年代后期,我国开发了百合罐头产品,但由于没有处理好加工后百合淀粉的析出问题,罐液混浊、沉淀,口感软糊,风味不佳,一直未能形成大规模生产。进入90年代后,我国逐渐开始开发各种百合饮料,如百合汽水、百合汁等,但由于没有采取合理的过滤措施,营养成分流失过多,加上百合风味不突出,百合饮料也未能形成产业。

近年,百合开发有了新的进展,不少科研单位以鲜百合为原料,采用超微粉碎技术、生物酶技术、微胶囊技术、附聚与流化床二次造粒技术等现代食品高新技术,有效地解决百合功能因子的保存、口感和速溶性等问题,开发出速溶百合全粉,它不仅口感爽滑细腻,无颗粒感,而且百合香味浓郁,保存了百合的风味,更突出的是它基本保存了鲜百合的各种营养成分和保健功能因子,只要65℃以上的开水冲调即可食用,具有保健与方便两大特点,为合理开发利用百合资源提供了一条新途径。

目前,在我国国内,百合主要应用于3个方面。

1. 作为优质蔬菜开发利用

百合的鳞茎肉质嫩白肥厚,细腻,软糯,洁白如玉,醇甜清香,可口微苦,风味别致,营养丰富,有很高的滋补保健作用,能起到人参的部分功效,是"百蔬之尊"。百合可蒸、煮、炸、炒,做成菜肴羹汤,可做成粥、面、饼等主食,可加工成糕点、月饼、面包等食品,还可加工成百合粉、百合干、百合酒、百合晶、百合酱、百合饮料及罐头食品。经常服食,可健身强体,延年益寿。在民间,常将百合作为礼品互相馈赠。南方群众常用百合做成的食品款待客人。遇到儿女结婚,老人寿诞,全家团聚,总要吃百合的食品,以示庆祝,更增添喜庆色彩,它已成为结婚喜宴上不可缺少的一道大菜。

百合的食用方法很多,经常食用的粥有百合粥、人参百合粥、百合绿豆粥等;菜有百合鸡丝、拔丝百合、百合鱼片、鸡蛋百合、百合肉片等;汤有百合汤、百合鱼汤、百合鸡蛋汤、百合银耳汤、糖水百合等;百合花亦可做成味道鲜美的汤、菜、粥,还可用开水冲泡做为茶饮。

利用百合开发的成品也很多,如百合原料及制成品:鲜百合真空包装、百合粉、百合面粉、百合水饺、百合汤圆、百合馒头、百合粽子、百合面条、百合粉丝、百合花茶;百合药用品:百合干、百合颗粒、百合固金丸、百合冲剂、百合口服液;百合养生保健饮品:百合露、百合果汁、百合酒、百合茶、百合奶;百合营养休闲食品:百合晶、百合罐头、百合奶片、百合蜜饯、百合月饼、百合蛋糕、百合饼干、百合饼、百合糖;百合调味品:百合酱油、百合醋酸调味料;百合美容化装系列产品:百合洗面奶、百合沐浴露、百合洗发香波等。

2. 作为药品与保健品开发利用

百合的鳞茎和花都可入药治病。鳞叶有润肺止咳、清心安神、益智健脑、补中益气、镇静助眠、滋补强壮、理脾健胃、清热解毒、止血解表、提高免疫力、升高白细胞、美容养颜等许多药用功效。主治肺痨久咳、咳唾痰血、热病后余热未清、虚烦惊悸、神志恍惚、脚气浮肿。花有润肺清火、安神功效,主治咳嗽、眩晕、夜寝不安等症。当前,由工业废气、煤烟尘、汽车尾气等构成的大气污染相当严重,加强呼吸系统及肺部保健已迫在眉睫。百合系列保健食品对减轻大气污染造成的肺部伤害有突出作用。特别对当今的一些"富贵病",如痛风、糖尿病、肥胖症、高脂血症、脂肪肝等都有很好的疗效。

3. 应用于园林观赏

由于百合具有较高的观赏价值,已被广泛应用于园林、庭院中,可栽于花坛中心或林间草地的花坛装饰中,使天然园林增添景色。如与地被植物配植,绵绵绿毯,衬托着下垂的红花,随风摇曳,别有风致,具有诱人的雅韵。盆栽百合,可供阳台和室内观赏。同时百合还是重要的切花材料,可作插花、瓶插之用,国内已十分流行。

总之,百合在我国国内的应用已十分广泛。但在另一方面,我国的百合产品始终没能进入国际市场,原因是多方面的,其中影响最大的是由于我国对百合的功能因子研究不够而不能明确,无法在产品上注明百合功能因子的结构、含量和作用机理等,因此产品不能作为保健食品进入国际市场。

显然,完善对百合各种功能因子的研究,已成为我国深化百合开发的当务之急,它是开发百合保健食品的理论依据,也是其走向国际市场的通行证。

二、百合产品简介

1. 百合粉

百合精粉的制作是将百合采用自然干燥、粉碎、旋风分离制成,但该产品色泽焦黄,脱离了百合原有本色;如果采用鲜百合打浆,均质后喷雾干燥的方法,产品色泽偏黄,保持了百合的原色,且粒度较细,保持了百合原有的营养成分。百合粉可以直接饮用,做成纯天然保健饮品;也可以将百合精粉掺在面粉里,制成各类精美的百合面包、饼干、面条及其他各式糕点;用于制作高档百合软糖、糖果、果冻等,用途广泛。

2. 百合罐头

百合罐头有多种,可以是糖水,亦可以是清水,还可以将百合蒸溶同其他原材料制成百合蓉、百合莲蓉、百合豆沙蓉等。由于百合淀粉含量高,如不采用硬化剂则产品软且口感极差。常采用的硬化剂有石灰水、葡萄糖酸钙等,硬化过程要长,汤汁中亦要添加硬化剂。

3. 百合花的开发与利用

(1)色素提取。由于百合花色彩艳丽,内含色素丰富,在花季,利用其提取色素,也不影响根部鳞茎的生长。如将这种天然色素用在食品、日用化工产品上,必将推动这类产品上档次,并且可以消除长期食用合成色素对人体产生的危害。

(2)制干百合花。最简单的加工方法与干黄花的加工相同,制成的干百合花基本保持了百合花的原色。如采用低温真空干燥的方法,则完全可以保持其本色,用此法生产的百合花一是可以作为观赏之物,同时还可以像干黄花那样作为家庭、宾馆菜肴中的原料,既增加新的食物源,又提高食品档次。此外,还可制成百合花罐头。

第二节　百合的中药应用研究

百合作为中药的应用,我国最早记载于《神农本草经》,其性寒味甘,有滋阴清肺、化痰止咳、宁心安神的功效。现代研究已证实,百合含有多种有效成分,具有止咳祛痰、抗抑郁、耐缺氧、抗疲劳、降低血糖、抑制迟发性过敏性反应、催眠安神和抗癌等功效。

国内对百合的研究主要集中在鉴定品种、分析营养成分、研究药理作用和临床疗效等方面。

一、药用成分研究

百合中含淀粉、蛋白质、脂肪、多种氨基酸、多种微量元素、多种维生素及膳食纤维等营养素。现代医学发现,药用百合球茎中含有多种生物活性成分,主要有百合多糖、生物碱、皂甙和类黄酮等。

1. 多糖

多糖是百合的主要功能因子之一。百合多糖的成分主要由葡萄糖、半乳糖、阿拉伯糖、鼠李糖及木糖等组成。提取百合多糖通常采用水提醇沉法。影响热水浸提多糖的因素主要有提取时间、提取次数、溶剂体积和浸提温度等。其中温度最为重要,温度越高,多糖得率越高。刘成梅等采用 95℃ 水提得率为 60℃ 的 2.5～3 倍,为 30℃ 的 10～20 倍,但是温度太高,蛋白易溶出,增加了去蛋白的难度且多糖容易失去活性,一般采用 65℃ 提取。其次为提取时间,当浸提时间多于 2h 后,大部分多糖包括果胶、黏液质等已溶出达平衡,百合多糖得率提高很少。故无需过长的提取时间,因此浸提时间选取 2h 为宜。固液比例对提取的影响最小,一般选用固液比 1：5 为佳。

采用高效凝胶渗透色谱法发现,百合有两种多糖,一种由葡萄糖、阿拉伯糖和甘露糖等组成,另一种由阿拉伯糖、半乳糖和鼠李糖等组成。

百合多糖的含量测定可分为两大类:一类是直接测定多糖

本身,如高效液相色谱法和酶法;另一类是利用组成多糖的单糖缩合反应而建立的方法,如苯酚—硫酸法、蒽酮—硫酸法等。国内多采用硫酸—苯酚比色法测总糖含量,此法简单、快速、灵敏度高、重现性好,且无需多糖纯品和贵重仪器。河南省中医学院药学院副教授杨林莎采用此法测得百合中多糖的平均含量为16.69%。需要强调的是:这种方法所测定的是总糖的含量而不是总多糖的含量,因此首先应测定样品中游离的单糖含量。然后将总糖的含量减去游离单糖的含量,即为总多糖的含量。

多糖的药理作用主要有:抗氧化活性、抗肿瘤活性、降血糖作用和免疫调节作用。

2. 甾体皂甙

百合中的甙类为甾体皂甙。百合甾体皂甙类可根据苷元结构的不同分为四大类,包括螺甾皂甙、变形螺甾烷皂甙、异螺甾皂甙和呋甾皂甙。目前已从百合中分离得到的甾体类化合物共有 47 个。从卷丹鳞茎中提取出的甾体皂甙包括分别由薯蓣皂甙元和由提果皂甙元与三个糖基组成的两种甾体皂甙。

皂甙是一类极性较强的大分子化合物,不容易结晶,易溶于水和醇,难溶于有机溶剂,而且在同一百合中往往有很多结构相近的皂甙共存,更增加了分离纯化的困难。一般采取先用甲醇或含水乙醇提取,然后将醇浸膏悬浮于水,用水饱和的正丁醇萃取,即得到总皂甙。

皂甙具有止血、免疫调节、抗肿瘤的作用,并有利于心血管系统的康复。

3. 类黄酮

百合类植物的花、果、叶中广泛存在着含量丰富的黄酮类化合物,类黄酮是百合类植物药用部分重要的有效成分。

在 Ames 检验中发现,槲皮素具有致诱变性,但没有代谢活性,但在反应系统中加入肝提取物可明显增加其诱变活性。长期的动物饲喂研究表明:槲皮素不仅不是致癌物质,而且具有一定的抗癌活性。事实上,目前已发现 61 种黄酮化合物中有 11 种具有抗突变作用,其中有多种对致癌物诱导的动物模型恶性肿瘤有抑制作用。

4. 生物碱

百合中生物碱研究主要集中在秋水仙碱。从百合植物碱中可分离得到秋水仙碱,其含量为 0.049%,分子式为 $C_{22}H_{25}NO_6$,颜色为淡黄色或白色,呈粉末状或针状结晶,易溶于水,也易溶于乙醇和氯仿,但有剧毒。

二、药理作用研究

1. 平喘止咳作用

用“二氧化硫引咳法”制作小鼠咳嗽模型,给小鼠服用百合水提液(20g/kg)后,可使引咳的潜伏期明显延长,减少小鼠咳嗽的次数,增加小鼠肺活量;百合可增强气管、支气管的排泌功能,起到镇咳、祛痰的作用。对由氨水引起的小鼠咳嗽,百合水煎剂也有止咳作用。百合可对抗由组胺引起的蟾蜍哮喘。中药“百合固金汤”有显著的止咳、祛痰、消炎的效果。

2. 安神镇静作用

百合有安神镇静、催眠的作用。服用百合能缩短入睡时间,改善、提高睡眠质量。实验表明灌服百合水提液的小鼠,戊巴妥纳睡眠时间及阈下剂量的睡眠率显著增加,具有明显的镇静作用。但关于百合镇静的机理尚未见报道。

3. 免疫调节作用

药理学认为多糖具有调节机体免疫功能的作用,能激活免疫细胞,增加免疫细胞分泌各种淋巴因子,促进免疫细胞的增殖、分化,参与调节神经—内分泌—免疫系统网络平衡等,多层面、多靶点、多途径地提高机体免疫功能。给免疫抑制封闭群小鼠应用百合多糖后,能增强其特异性和非特异性免疫功能。百合多糖可辅助免疫细胞产生抗体,增加白介素-1、白介素-6和肿瘤坏死因子的分泌,使巨噬细胞的吞噬能力增强。动物实验表明,百合多糖可显著促进正常的或由环磷酰胺导致免疫抑制小鼠巨噬细胞的吞噬能力,可提高小鼠血清特异性抗体水平,亦显著促进淋巴细胞的增殖。

4. 抗肿瘤作用

对 H22 移植瘤的模型小鼠,纯化百合多糖可明显地抑制其瘤组织的生长,并能使荷瘤小鼠的胸腺指数、脾指数显著增强,增加小鼠血清溶血素的含量,使巨噬细胞吞噬能力增强。中性百合多糖对 H22 小鼠肝癌生长有抑制作用,同时对荷瘤小鼠的免疫功能亦有增强作用。LBPS-I多糖对移植性黑色素 B16 和 Lewis 肺癌有较强的抑制功效。植物多糖抗肿瘤活性的作用表现为对瘤细胞直接杀伤或抑制作用,同时提高宿主体的免疫功能。

百合所含的秋水仙碱抑制癌细胞增殖的机理是抑制肿瘤细胞纺锤体的形成,使瘤细胞不能进行有效的有丝分裂而停留在分裂中期,从而抑制细胞的增殖,秋水仙碱尤其对乳腺癌的抑制作用明显。秋水仙碱对治疗白血病、皮肤癌、何杰金氏病等,在临床治疗中已有应用,另外,对原发性痛风也有疗效。

5. 降血糖作用

由"四氧嘧啶"引起的糖尿病模型小鼠,服用经过分离纯化的 LP1、LP2 两种百合多糖后,降血糖效果显著。百合多糖降低血糖的可能机制为,修复胰岛 B 细胞及增强其分泌功能、降低肾上腺皮质的激素分泌、肝脏内促进葡萄糖转化为糖元及其联合作用,促进外周组织和靶器官对糖的利用,使血糖降低,对治疗糖尿病有显著的效果。百合中的膳食纤维能抑制餐后血糖的上升,具有很好的降血糖功效。

6.其他作用

百合多糖提高 SOD、CAT 及 GSH - Px 的活力,阻断活性氧和自由基的生成,具有较好的抗氧化作用,被认为是百合的主要补益成分。百合黄酮类化合物、百合皂甙有很强的羟自由基的清除作用,具有抗氧化、抗疲劳和抗衰老等功能。百合膳食纤维具有促进消化吸收、润肠通便的功能,改善便秘。百合有改善心肌缺血和脑缺氧的作用,因此其能提高常压状态下的耐缺氧时间。百合对外伤出血、消化道出血、鼻衄及鼻息肉切除后的止血都有效果。

三、临床应用研究

百合不仅是花中仙子、菜中珍品,而且还是名贵传统中药材。其花、梗、鳞茎均可入药,花和梗可做止血药。鳞茎可预防和治疗肺结核、慢性气管炎、咳嗽、肺气肿、肺嗽咯血、体虚肺弱、疮痈肿瘤、热病后余热未清、高血脂、高血压、神经官能症、失眠、神经衰弱、心慌意乱、虚烦惊悸、神志恍惚、坐卧不安、气短乏力、脚气浮肿、涕泪过多和更年期综合征等症。若服食清蒸百合,还可治胃病、肝病、贫血等,是多种滋补药的主药。据最新研究结表明,百合还对痛风、糖尿病、高血脂、冠心病、白血病和爱滋病等均有较好的疗效。

1.历史记载

百合药用首载《神农本草经》:"百合治邪气腹胀心痛,利大小便,补中益气。"《本草求真》中说:"百合功有利于肺心,而能敛气养心,安神定魄。"《日华子本草》记载其功效为:"安心、安胆、益智、养五脏。"古书《集介》云:"百合叶大、茎长、根粗、花白者皆可入药。"医学家张仲景在《金匮要略方论》中指出百合是味良药。《本经》载百合"主邪气腹胀、心痛。利大小便,补中益气。"《别录》称其"除浮肿胀满、寒热、通身疼痛及乳难、喉痹,止涕泪、狂叫、惊悸,杀蛊毒气。"若治肺壅热闷,《圣惠方》云:"新百合四两,用蜜半盏,拌和百合,蒸令软,时时含如枣大,咽津。"《本草经疏》言其,"解利心家之邪热而安心神。百合又入大小肠经,寒能清热,甘能补中,热情则气生,故补中益气。"

明代李时珍著《本草纲目》(1578 年)中对百合的药性作了较详细的记述"百合之根以众瓣合成也,或云专治百合病,故名亦通"。"味甘平无毒,主治邪气、腹胀、心痛、利大小便、补中益气、去腹肿胀,痞满寒热,通身疼痛及乳难喉痹,止涕泪,百邪鬼魅涕泣不止;除心下急满痛,治脚气热咳,安心定胆益志,养五脏;治癫邪狂叫惊悸,产后血狂运,杀虫毒气,肋痛发背诸疮肿心急黄,宜蜜蒸食之用,捣粉面食。可温肺治嗽。"可见该书对百合的功效作了较全面的综述。

2. 现代研究

现代医学研究证明,百合中含有抗肿瘤物质——硒和秋水仙碱,可用于治疗肺、鼻咽、皮肤、乳腺、宫颈、淋巴肿瘤和白血病等。特别是在对这些肿瘤进行放射治疗后,出现体虚乏力、口干心烦、干咳痰少甚至咯血等症状时,用鲜百合与粳米一起熬粥,再调入适量冰糖或蜂蜜共食之,对于增强体质、抑制肿瘤细胞生长、缓解放疗反应具有良效。以鲜百合与白糖适量,共捣敷患外,对皮肤肿瘤破溃出血、渗水者,也有一定的疗效。非典流行期间,专家推荐百合为预防非典健肺食物。在《拒绝 SARS——吃出一个强健的肺》一书中,列举了 142 种健肺食物,其中就有17 种以百合为主的制作食物。

3. 百合药用案例

"百合病"是古时的病名,主要症状是沉默少言、欲睡不能睡、欲食不能食、欲行不能行、神志不宁或自言自语等，症状很像现在的神经官能症或癔病。古时治疗这种病主要以百合为主药，辩证施治，使用不同的方剂，如"百合鸡子汤"治疗百合病呕吐为主症，"百合知母汤"用于百合病发汗之后。另有"百合固金汤""百合地黄汤""百合代赭汤""百合滑石散"能治疗体虚肺弱、慢性支气管炎、肺气肿、肺结核、咳嗽、神经衰弱和心烦不安等症；亦用于急性热心病后期、神志恍惚以及妇女更年期综合征；对久病体亏、年迈身弱、妇女产后气虚等有恢复强健的作用。

春季人体阳气逐渐生发，可选用百合等食性凉的食物熬煮的饮食。阴虚内热者进补百合，可以清热消火，改善怕热的感觉。秋季干燥，燥邪易犯娇肺，伤津耗液。因此，中医提倡应多食润燥养肺、生津增液的百合等食物，帮助改善体质。百合对于四季之间热燥等引起的心烦失眠、咽干喉痛、鼻出血以及更年期男女出现的神疲乏力、食欲不振、低热失眠、心烦口渴等症状均具有良好的治疗作用，乃四季常用的滋阴补品。此外，它还可用于心火肺热所导致的急慢性湿疹、皮炎、痱疖、痤疮等皮肤病的治疗。据报道，常食百合食品，不但对多种皮肤病有治疗作用，而且还能使皮肤变得柔嫩细腻，富有弹性，皱纹变浅或消失，是较好的美容养颜佳品。百合有止血、止流泪、止痛等作用。

治疗泪囊炎，止泪涕，用百合60g、瘦猪肉90g，煮汤分二次服。唐代诗人王维曾患过流涕泪之症，后以百合治愈，便作有诗云："冥搜到百合，真使当重肉。果堪止泪无，欲纵望江目"。

治支气管炎，百合10g、梨一个、白糖15g，混合蒸2h，冷后顿服。治干咳少痰，用百合、款冬花各90g、川贝母30g、蜂蜜300g，共熬成膏，分为40次量，一日3次，开水冲服。

治疗失眠偏方：用鲜百合30g、枣仁15g，水煎服；取鲜百合50g，加蜂蜜1～2汤勺拌和，蒸熟后睡前服饮，此方还可治肺燥咳嗽。治神经衰弱,睡眠不宁,易惊易醒,用生百合 60g,蜂蜜 20g,拌和蒸熟,临睡前服。

民间验方还有人以百合固金汤加减治疗燥咳、肺结核、糖尿病;百合宁神汤治疗精神分裂症;百合地黄汤及其加减方治疗失眠症、抑郁症、妇女更年期综合征、甲状腺机能亢进症和焦虑症等。百合还可治疗顽固性老年皮肤瘙痒、鼻衄、带状疱疹和痈肿疔疮等。用百合治疗疮痈、无名肿毒,其方法是:将鲜百合 30g 洗净加食盐少许,蚤休 10g,捣烂如糊,敷于患处,一日 2 次,以肿痛消退为度。

第三节　百合鲜切花开发

百合切花是继世界五大切花(月季、香石竹、菊花、唐菖蒲、非洲菊)之后的一支新秀,是近些年才发展起来的,也是当今世界上最受欢迎的切花之一。目前世界上普遍种植的鲜切花百合主要是杂种系,它们分别是:亚洲百合杂种系、欧洲百合杂种系、白花百合杂种系、美洲百合杂种系、喇叭百合杂种系和东方百合杂种系,我国常见有亚洲百合杂种系和东方百合杂种系。其中,以亚洲型百合色彩最丰富,有金黄、黄、橙黄、玫瑰红、橙、深红、粉红、白色以及双色或混合多色带斑点等,花朵较小而多,向上开放,生长期较短。东方型百合花朵大,向侧面开放,具特殊香味,生长期较长,品种较少,有桃红色、紫红色及白色等。

一、百合切花栽培

1. 栽培季节

选择合适的品种及适当的栽培季节,是生产百合切花的第一要件。为顺应市场需求及消费者喜好,并配合各种节庆较多之季节宜慎选品种,如 GrandCru(黄色红心)、GranParadiso(深红)、Prominence(橙红色)、Jolanda(橙色)、Positano(橙色)、San-Francisco(黄色)、Dreamland(黄色)、Pollyanna(黄色)等亚洲型百合品种,及东方型百合 StarGazer、CasaBlanca(香水百合)、Le-Reve 等品种,皆能适应本省栽培环境,且性状表现均甚为优良。

一般亚洲型百合生长期较短,2～3 个月即可完成一次切花生产,而东方型百合生长期较长,需 3～4 个月;东方百合的适栽期因地区而异,在浙江省宁海县一带一般为 9 月中下旬至翌年 3 月中旬,若要生产夏季切花,则需选择海拔 600～800m 以上的高山地区,否则品质不佳,盲芽率相对增加。

2. 百合切花种球

切花用百合种球目前大多自荷兰进口,种球在荷兰产地运来前已先经过低温处理(打破休眠),因此在栽培上必须注意取到种球时要马上定植田间,不可置于高温下过久,否则将引起生育不佳,发生盲芽、落蕾等现象。如果种球尚未抽茎且不能立刻种植,则必须置于 0～2℃冷藏室中贮藏,但贮藏时间也不宜超过 10 日,否则鳞茎即开始萌芽,当芽长至 1.2～2.5cm 时,花原体即已形成,此时不正常的温度变化均会影响以后的开花品质,因此不可不慎。

二、百合切花保鲜

百合采后的贮藏保鲜,是延长百合鲜切花寿命、提高观赏价值和花农及花店营销商经济效益的一个十分重要的问题,百合切花保鲜技术主要如下。

1. 冷藏保鲜

低温冷藏是延缓衰老的有效可行的方法。只有在冷藏中保持较高的相对湿度,才能保证切花贮藏的品质和开放率。低温可使切花生命活动减弱、呼吸减缓、能量消耗降低,抑制乙烯的产生,进而达到延缓衰老的功效,同时还可避免变色、变形及蓇生微生物。

冷藏保鲜可分为湿藏和干藏两种方法。

(1)湿藏。将百合切花放在有水或一定保存液的容器中贮藏。保存液中主要含有杀菌剂、糖、乙烯抑制剂和生长调节剂等。这种贮藏方式不需要包装,但湿藏法需占冷库较大的空间,湿藏法只用于正常销售、小批量或短期贮存的切花。贮藏温度为 1～2℃,最长贮藏时间为 4 周。

水质对切花湿藏效果有较大的影响,尽量不用自来水,因为自来水含盐量高,以使用去离子水或蒸馏水最好。此外,还应注意水质清洁,切花的茎和叶通常会被来自土壤或水中的微生物污染,它们会在贮液中或花茎导管中繁殖,而堵塞茎的吸水作用,加速切花萎蔫。某些化学制剂和紫外线可以控制水中微生物的生长,如次氯酸钠就是一种很好的消毒剂,它一旦与有机物接触,就释放出游离氯,有强烈的杀菌作用。

(2)干藏。贮藏之前,对切花进行包装,贮藏于 0～1℃冷库中,可以贮存 6 周,且贮存切花质量好,也节省贮藏空间,适于大批量贮存的需要,但包装切花需要较多的劳力和包装材料。如果采用气密型薄膜包裹切花,随着包装内切花的呼吸,内部二氧化碳浓度升高,氧气浓度下降,形成所谓的改良气体,则有利于切花贮藏,其贮藏期比一般非密封膜包装延长。

需要贮藏的花在采收时不能开放,干藏常用于切花的长期贮藏,而湿藏则通常用于短期贮藏。干藏是指将百合装入包装箱密封,再放入冷藏库。切花在存贮前应使用含有糖、杀菌剂和抗乙烯剂的保鲜液进行脉冲处理以延长贮期,在放入聚乙烯膜前则应先包上软纸以吸收在冷藏的过程中可能出现的损害切花的冷凝水。此外,要防止贮藏库的温度波动过大,并且切花在干藏前应吸收充足的水分。对于分级捆扎后的花枝,为保持切花品质与防止花蕾过早开放,应先将切花浸入 2～3℃ 的清水中以便充分吸收水分,处理时间以 4～8h 为佳,但不能少于 2h。在亚洲百合切花的水溶液中需添加硫代硫酸银与赤霉素,而 STS 由于对其他百合有害,则可直接浸入清洁水中或加适量的杀菌剂,待花枝吸水后即置于冷藏室内干藏或湿藏。贮藏的最佳温度为 2～3℃。东方百合的贮藏温度可提高到 4℃ 左右。但如果采收时温度在 30℃ 以上,在立即贮藏时的温度就应该至少保持为 4℃。

2. 化学保鲜

抗蒸腾剂和切花保鲜剂均可延长切花的寿命。抗蒸腾剂主要用于防止切花失水,保鲜剂主要是调节切花体内代谢。

保鲜剂的成分主要有 3 大类:糖分,改善水分平衡的化学药剂(如杀菌剂、有机酸),乙烯抑制剂。其中,糖是营养和能量的主要来源,使用杀菌剂和防腐剂的目的是为了阻止真菌和细菌的繁殖致使导管堵塞,而酸化剂可抑制酶的活性,避免切口产生愈伤组织造成生理堵塞等。

切花采后,在贮藏和运输之前可进行预处理,或者在瓶插期间用保鲜剂处理,由此可将保鲜剂分为预处理液、催花液(也称开花液)和瓶插液。通常,保鲜剂由蔗糖、杀菌剂和有机酸组成,而且保鲜剂的浓度越高,处理的时间就越短。因此预处理液的浓度相对较高,而瓶插液的浓度就应该相对较低。

保鲜剂的作用主要表现在如下几方面:抑制微生物繁殖、补充养分、抑制乙烯产生和释放、抑制切花体内酶的活性、防止花茎的生理堵塞、减少蒸腾失水、提高水的表面活力等。预处理有杀菌、提供营养、促进吸水及阻止减压贮藏和运输中产生的乙烯对切花的伤害等功效。

第二篇　山　药

第六章　山药概述

第一节　山药的起源与分布

　　山药,别名大薯、薯蓣、佛掌薯等(图6-1、图6-2)。为薯蓣科薯蓣属多年生或一年生缠绕性藤本植物,野生或栽培,产品器官为地下肉质块茎。块茎可炒食、煮食、干制入药,为滋补强壮剂,对糖尿病等有辅助疗效。据资料考证,山药自古以来就是民间养生保健的珍品,同时也是世界上重要的食物来源,特别是在西非、东南亚、加勒比地区食用山药非常普遍。

图6-1　山药

图6-2　山药自古以来就是民间
养生保健的珍品

　　山药按起源地可分亚洲群、非洲群和美洲群。亚洲群有6个种,各个种的驯化都是独立进行的。中国山药属亚洲种群,包括"普通山药"和"田薯"两个种。其原产地和驯化中心在中国南方,广布于温带、热带和亚热带地区。在我国的东北、华北、华中、东南、西南的河北、山东、安徽淮河以南、江苏、浙江、江西、福建、台湾、湖北、广西壮族自治区北部、贵州、云南北部、甘肃东部和陕西南部等地区均有广泛分布,并形成许多地方品种和野生种。山药已成为世界上公认的十大食用块茎类作物之一。

山药分为两个种,即普通山药和田薯。普通山药又名家山药,是中国和日本的主要栽培种。田薯又名大薯、柱薯。上述两个种按块茎性状又可分为扁块种、圆筒种和长柱种 3 个类型。

中国是山药重要的产地和驯化中心。山药古称"藷萸""储余""玉延""修脆"等。《山海经》卷三《北山经》中有:"景山北望少泽,其草多'藷萸'"。春秋时范蠡著《范子计然》一书中有"储余,白色者善"的描述。从史料可以推知:早在春秋战国时期,人们已熟知山药了,并且山药是富余之后储存下来可代替粮食充饥的食物,但当时多称其为"薯蓣"。

山药一名始于宋,在寇宗奭编著的《本草衍义》(公元 1116 年,宋政和六年)中有":避唐代宗李豫之讳,改为'薯药',又'薯'犯宋英宗赵曙之讳,故改为'山药'"。金元之际成书的《务本新书》中已用"山药"一名。其后如明代王象晋年编著的《群芳谱》《广群芳谱》,明李时珍编撰的《本草纲目》,清代四川人张宗法年撰著的《三农记》及清代官修的综合性农书《授时通考》年等均采用"山药"一名。

第二节　山药的食用与药用保健价值

山药是卫生部公布的药食兼用食物之一,也是我国保健食品重要原料之一,具有很高的营养价值和药用价值,自古以来就被视为可粮、可蔬、可药的营养保健食品。据分析,每 100g 山药可食部分中含有蛋白质 1.9g、脂肪 0.2g、碳水化合物 12.4g，可提供能量 56kCal。与相同重量的红薯相比，其所含热量和碳水化合物只有红薯的 1/2 左右，脂肪含量远低于红薯，而蛋白质含量则高于红薯。此外，山药还含有多种维生素和钙、磷、铁等矿物元素。山药的主要成分是淀粉，其中的一部分可以转化为淀粉的分解产物——糊精，糊精可以帮助消化，故山药是可以生吃的芋类食品。山药不仅根茎富含营养，而且叶子也富有营养，它是胡萝卜素的极好来源，也是钙、铁、维生素 C 的良好来源。由于具有这些营养特点，食用山药可以起到减肥健美功效。

山药性平、味甘，归肺、脾、胃、肾经。祖国医学认为，山药具有固肾益精、健脾补肺、益胃补肾、聪耳明目、助五脏、强筋骨、长志安神、延年益寿等功效。还能止泻痢、化痰涎、补虚赢，对于食少便溏、虚劳、喘咳、尿频、带下、消渴等均有很好的疗效。据资料记载，慈禧为健脾胃而吃的"八珍糕"中就含有山药成分（图 6－3）。

图 6－3　慈禧健脾胃的"八珍糕"含有山药成分

现代医药学研究表明，山药除了营养成分较为全面外，还含有多种具有药用和保健功能的化学成分，如山药多糖、糖蛋白、尿囊素、胆碱、薯蓣皂甙及其甙元薯蓣皂素、山药碱、多巴胺、3,4－二羟基苯乙胺、胆甾醇、麦角甾醇、油菜甾醇、β－谷甾醇、淀粉酶及多酚化酶等多种活性成分。正是这些活性成分使山药不仅具有营养价值，而且具有广泛的药用及奇特的保健功能。

在山药的活性成分中,山药多糖是目前公认的最有效的活性成分,也是山药化学和药理研究的重点和热点。山药多糖是山药的主要活性成分,其结构非常复杂。实验研究表明,山药多糖具有调节人体免疫功能、调节血糖、抗氧化、抗衰老、抗肿瘤等多种作用。

另有研究发现,山药中含有一种化学物质,其结构与薯蓣皂甙元类似,也类似于人体分泌的脱氢表雄酮(DHEA),是一种类固醇激素,由肾上腺和性腺(睾丸、卵巢)分泌。其被认为是性激素的前体,称之为"激素之母"。国内外临床研究证实,脱氢表雄酮对人体具有多种功能,如增强人体免疫力、提高记忆和思考能力、调节神经(镇静、安眠)、防止骨骼和肌肉老化、降血脂、减少血小板聚集、防止动脉硬化、调整体内激素分泌而减肥、防癌抗癌等多种有益于健康的作用。因此,在日常生活中经常食用山药,能使人体内脱氢表雄酮含量保持在较高水平,可使人体保持年轻态。

山药的食用方法很多,如蒸、炒、做汤、煮粥都可。选食山药需注意以下几点。

(1)食用山药,必须去皮,以免产生异常口感。

(2)山药养阴助湿,但有收敛作用,故湿盛中满或患有消化不良,或患感冒者、大便干燥者,不宜食用。

(3)新鲜山药切开后在空气中容易被氧化变色,与铁器接触也会发生褐变现象,因此剖切时须使用竹刀或塑料刀。

(4)山药以选择粗细均匀、表皮斑点较硬、切口带黏液者为佳。冬季购买山药时,要手握山药进行检测,如经过几分钟,山药发热,则说明未受冻,可用;如果未发热说明受冻,不可用。

(5)山药宜用餐巾纸或其他干净纸包好,保存在阴凉通风处,防止切口氧化。

由于山药具有较高的营养与药用保健价值,因此几千年来山药一直被视为珍品。2014年,浙江省宁海县胡陈乡某家庭农场引进并示范种植山药面积11亩,其中紫山药10亩,白山药1亩,经考查实称,紫山药平均亩产1 030kg,按20元/kg计算,亩产值20 600元;白山药亩产1 820kg,按15元/kg计算,亩产值27 300元。合计总产值23.33万元,平均亩产值21 209元。同时山药还可带动相关产业发展,满足城乡居民的需求,经济、社会效益明显。

第七章　山药的生物学特性

第一节　山药的植物学特征

一、根

山药种薯萌芽后,在茎的下端长出粗根(图 7-1)。开始多是横向辐射生长,离土壤表面仅有 2～3cm,尔后大多数根集中在地下 5～10cm 处生长。当每条根长到 20cm 左右后,进而向下层土壤延伸,最深可延伸到地下 60～80cm 处,与山药块茎深入土层的深度相适应,但一般很少超过山药地下块茎的深度。这 10 余条根发生在山药嘴处,通常称为嘴根,是山药的主要根系,起吸收和支撑作用。

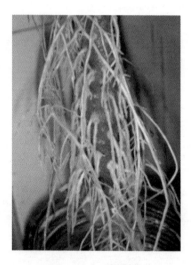

图 7-1　山药的根

随着地下块茎的生长,在新块茎上会长出很多不定根,这是山药的须根。在块茎上端的须根,特别是在近嘴根处,也具备一定的长度,有协助嘴根营养植株的作用。但着生在块茎下端的须根则很短,也很细,基本上没有吸收水分和养分的能力。在土壤特别干旱时,块茎可以长出大量的纤维根,具有吸水能力。

山药须根系不发达,且多分布在土壤浅层。而山药长达3m的地上茎和几千克重的地下块茎的生长都是靠根系供给营养。因此,栽培山药要注意深耕养根,才能获得高产。

二、茎

山药的茎分地上茎和地下茎。

(一)地上茎

山药的地上茎有两种,起攀缘作用的茎蔓,是山药真正的茎;地上茎上叶腋间生长的零余子(俗称山药豆),是一种茎的变态,叫地上块茎。

1. 地上茎蔓

山药的地上茎蔓属于草质藤本,蔓生,光滑无翼,断面圆形,有绿色或紫色中带绿色的条纹(图7-2)。蔓长3～4m,茎粗0.2～0.8cm。苗高20cm时,茎蔓节间拉长,并具有缠绕能力,最初只有一个主枝,随着叶片的生长,叶腋间生出腋芽,进而腋芽形成侧枝。

图7-2　山药地上茎蔓

山药茎蔓的卷曲方向通常为右旋,即新梢的先端向右旋转。食用薯蓣类的大薯、卡宴薯、圆薯蓣均为右旋。但黄独、小薯蓣、非洲苦薯蓣和加勒比薯蓣则是左旋。大薯的茎蔓为四棱形,有棱翼,可以辅助茎的直立。小薯蓣和非洲苦薯蓣茎蔓上生长有刺。

2. 零余子

山药在地上部叶腋间着生很多零余子(地上块茎)(图 7 -

图 7 - 3　山药的气生茎(零余子)

3)。零余子呈椭圆形,长 1.0～2.5cm,直径 0.8～2.0cm,褐色或深褐色,亩产可达 200～600kg。在一般情况下,山药零余子生长在茎蔓的第 20 节以后,而且开始多发生在山药主茎或侧枝顶端向下第三节位的叶腋处。成熟的零余子,表皮粗糙,最外面一层是较干裂的木栓质表皮,里面是由木栓形成层形成的周皮。从外部形态上可以看到,零余子有像马铃薯块茎一样的芽眼和退化的鳞片叶,而且顶芽也是埋藏在周皮内,外观不易觉察。

山药零余子的芽眼和马铃薯一样,有规律地排列着。从解剖结构上看,零余子仅有根原基和根的分化,没有侧根的分化,当年的顶芽也处于休眠状态。

零余子的皮中含有山药其他部分所没有的一种特殊的物质——山药素,山药素起抑制生长和促进休眠的作用。当零余子皮层成熟但未通过休眠时,山药素含量最多,但随着休眠的推进,山药素的含量会逐渐减少。零余子只有在通过休眠后,才能萌发,故刚采收的零余子不宜当种用。

不同类型的山药零余子类型也不同。长山药的零余子较多,其次是扁山药,而圆山药则基本上不能形成零余子。

(二)地下茎

地下块茎是山药的贮藏器官,也是人们的药用、食用部分
(图7-4)。

1. 山药地下块茎的形成

种薯萌发后,首先生长不
定芽,伸出地面长成茎叶。在
这新生不久的地上茎基部,可
以看到维管组织周围薄壁细胞
在分裂,这就是块茎原基。块
茎原基继续分裂,便分化出散
生维管分子。在块茎的下端,
始终保留着有一定体积有强劲
分生能力的细胞群,这就是山
药块茎的顶端分生组织。顶端

图7-4　山药的地下块茎
(佛手山药)

分生组织逐渐分化而成熟,先形成幼小块茎的表皮,表皮内有基
本组织,基本组织中有散生维管束。小块茎长到3～4cm时,便
可用肉眼清楚地看到褐色的新生山药。块茎的肥大完全依靠基
端分生组织细胞数量的增加和体积的不断增大来完成。

2. 山药块茎的类型

山药块茎形状的变异较多,大致可以分为长形山药、扁形山
药和圆形山药,但在各个类型中都有中间类型的变异。这种变
异,主要是受到遗传和环境的影响,其中土壤环境的影响最大。

长形山药,上端很细,中下部较粗,一般长度为60～90cm,
最长的可达2m。其直径一般为3～10cm,单株块茎重0.5～
3.0kg,最重的可达5kg以上。肉极白,黏液很多,其尖端组织色
泽洁白或淡黄,且有深黄色根冠状附属物,此为栓皮质保护组

织。块茎停止生长后,尖端逐渐变成钝圆,并呈浅棕色。扁形山
药块茎扁平,上窄下宽,且具纵向褶襞,形如脚掌。圆形山药块
茎常呈短圆筒形,或呈团块状,长 15cm,直径 10cm 左右。

三、叶片

山药虽然是单子叶植物,但其种子却有两片子叶(图 7-5)。

全叶呈浅绿色、深绿色或
紫绿色,叶长 8～15cm,
叶宽 3～5cm,叶柄较长,
叶质稍厚,叶脉 5～9 条,
基部叶脉 2～4 条,有分
枝。山药茎的基部叶片
多互生,以后的叶片多对
生,也有轮生的叶片。山
药叶片,一般都是基部戟
状的心脏形,或呈三角形
卵形尖头,或呈基部深凹

图 7-5 山药叶片

的心形。

四、花

山药是雌雄异株。不同类型的山药雌雄株比例不同。长山
药雌株很少,多是雄株。扁山药和圆山药多是雌株,雄株很少。

(一)雄株雄花

雄株的叶腋,向上着生 2～5 个穗状花序,有白柔毛,每个花
序有 15～20 朵雄花(图 7-6、图 7-7)。雄花无梗,直径 2mm 左
右。从上面看,基本都是圆形,花冠两层,萼片 3 枚,花瓣 3 片,
互生,乳白色,向内卷曲。有 6 个雄蕊和花丝、花药,中间有残留
的子房痕迹。山药的孕蕾开花期,正好是地下部块茎膨大初期。
雄株花期较短,在我国北方大约 6—7 月份开花(这一时期为

30～60d)。从第一朵小花开放,到最后一朵小花开放,大致 50d
左右。一般都在傍晚后开放,多在晴天开花,雨天不开花。

图 7－6　山药花

图 7－7　山药雄花序

山药块茎生长和开花的时间重叠,需要较多的营养。但由
于雄株花期较短,养分需求比较集中,对地下块茎的影响较小,
其产量和质量都比雌株高。雄株的薯蓣皂甙元含量明显高于雌
株。从现蕾、开花到凋落的时间为 1～2 个月。有的山药雄株不
出现花蕾,有的雄株虽可看到花蕾,但常常在开花前就脱落了。
山药雄花多是总状花序,似穗状,小花互生。

(二)雌株雌花

雌株着生雌花,穗状花
序,花序下垂,花枝较长,花朵
较大,但花朵较少,一个花序
约有 10 个小花(图 7－8)。雌
花无梗,直径约 3mm,长约
5mm,呈三角形,花冠有花瓣
和花萼各 3 片,互生,乳白色,
向内卷。柱头先端有 3 裂而
后成为 2 裂,下面为绿色的长
椭圆形子房。子房有 3 室,每

图 7－8　山药雌花序

室有 2 个胚珠。有雄蕊 6 个,药室 4 个,内生花粉。两性花,基本不结种子。

雌花序由植株叶腋间分化而出,着生花序的叶腋一般只有一个花序,偶有一个叶腋两个花序的。一个花序从现蕾、开花到凋落需 30～70d。花期集中在 6—7 月。花朵在傍晚以后开放,晴天开放,雨天不开。

五、果实和种子

山药的果实为蒴果,多反曲。果实中种子多,每果含种子 4～8 粒,呈褐色或深褐色,圆形,具薄翅,扁平,千粒重一般为 6～7g。山药几乎不结籽,偶尔结籽,籽粒也很少,饱满度很差,空秕率一般为 70%,最高可达 90% 以上,因此不能作种用。

第二节　山药的生长发育特性

一、繁殖与休眠

山药的繁殖与休眠密切相关。采收后的山药块茎与山药地上部所生的气生块茎零余子,都有几个月的休眠期,没有经过充分休眠的山药块茎与零余子,都不能萌芽,也不能长成新的山药植株。

二、生长与发育

(一)生育前期

山药生育前期主要依靠种薯自养,萌芽、生根和长叶的养分都来自种薯。由于山药喜温,播种时地温要求在 10℃ 以上,故浙江省宁海县一带多于 3 月下旬或 4 月初播种,一般需经过两个月的时间,山药植株才有独立生活的能力。

在正常情况下,以地下块茎作种的,栽后先生芽后生根,一般在播种后 20～30d 即可萌芽出土,切薯播种的(如扁山药和圆山药),因为切块种薯去掉了顶芽,萌芽出土需 40～50d。以零余子栽种的,是先生根后生芽。

山药的吸收根发生在萌芽茎的基部。在湿度适当的条件下,山药会萌生大量的细须根,细须根的萌生增强了山药对土壤中的养分与水分的吸收能力。

整薯播种的发根较早,一般播种后 7d 左右就会发根,切块播种则需要 3～4 周时间。吸收根数目在萌芽初期基本固定,以后不会再有增加,增加的只是根长和根重。在宁波一带,山药的主根长度在 5 月底到 6 月初可长到 70cm 左右,细须根数也会在此时达到最大值,尔后,根的增长便逐步放慢。

山药叶片在主茎伸长初期一般较小,光合能力不强,随着主茎的生长,叶片不断生长和扩展,叶重逐渐超过茎重。

种薯养分的消耗,受到地温和土壤环境的显著影响。沙土种植养分消耗快,播种后两个月即可耗去 2/3 或以上;而在壤土上播种,耗去 2/3 或以上的养分则需要 3 个月以上。播种深度也会影响养分的消耗,播种深度适宜,种薯养分有利培育壮苗。如播种过深,不仅营养消耗快,而且会延长出苗时间。

(二)生育盛期

山药幼苗出土后,主茎迅速生长。一般播种后两个月,山药主茎和吸收根都会达到足够的长度(3～4m),此时种薯所贮存养分的 80% 都被消耗殆尽,叶片旺盛。植株生长由自养转入异养为主的生育盛期,营养生长和生殖生长同时并进,侧枝猛增。7 月上旬至 8 月上旬开花,并在叶腋间生出零余子(气生块茎)。8 月中旬至 9 月下旬,地下茎迅速生长发育。霜降过后,茎叶枯萎,块根进入休眠期。山药生育盛期是山药一生中最重要的生育时期。

在沙土地栽培山药,生长盛期可提前 1 个月,在黏土地栽培山药,则生育盛期的到来要稍后一些。山药生育盛期是茎叶最繁茂的时期。山药生育盛期,不仅地下块茎膨大需要大量营养,而且地上部零余子的形成和处于盛花期的山药花也需要消耗更多养分。因此,山药生育盛期必须科学地重施肥料,加强营养管理。

(三)生育后期

山药花凋落,茎叶变黄,零余子落下,地下部的吸收根逐渐失去活力,细根基本上枯萎,块茎的表皮开始硬化,块茎鲜重达到预期产量的 80% 或以上时,即表明已进入山药生育后期。

山药产量主要由块茎长度和粗度决定。不同品种山药粗细不同,而同一品种粗度差异不显著。山药产量高低主要取决于块茎的长度,块茎越长,产量越高。

山药进入生育后期,即可采收。但在气温不低于 10℃ 的严冬到来前,山药块茎仍会继续缓慢增长、增粗。

第三节　山药对环境条件的要求

一、光照

山药属于强光照要求的短日照植物。在低光照条件下,光合能力显著降低。

(一)强光照

山药种植期间,光照强度对山药光合作用的强弱和山药的生长发育都有很大影响。

1. 光照强度直接影响山药光合作用的强弱

在一定的光照强度下,山药光合作用随着光照强度的增加而增加。当光照强度低于一定值时,光合作用微弱,且低于呼吸强度;当光照强度高于一定值时,光合强度就不再随着光照强度的增加而增加。根据专家测定,山药的光补偿点约为670lx,单叶光饱和点约为38 000lx。山药群体的光饱和点较单叶要高,在50 000lx时还是没有测出山药群体的光饱和点,这是因为光照强度增加时,山药群体上层的叶片虽然已经达到饱和点,但是下层的叶片的光合强度仍随着光照强度的增加而增加,所以群体的总光合强度还在上升。因此,在山药种植时,适当把山药架的高度提高,加强山药藤中下部叶片的光照强度,有利于提高山药的产量。

2. 光照的强弱要与温度的高低相互配合

铁棍山药在种植时,如光照减弱,温度也会相应降低,光照增加,温度也会相应增加,这样才能有利于山药光合产物的积累。如果在光照强度弱时,升高温度,呼吸作用加强,就会过多消耗光合作用的产物。因此,在山药种植时,要注意根据光照强度的强弱来调节温度的高低,给山药创造一个适宜的生长条件,这样才可能获得高产。

(二)短日照

在一定范围内,日照时间缩短,花期提早。在春季长日照下播种的山药,只能在夏、秋季短日照下开花。短日照对地下块茎的形成和肥大有利,叶腋间零余子也在短日照条件下出现。

二、温度

山药对气候条件要求不严格,喜温暖,也耐寒,但畏霜冻。凡向阳温暖的平原或丘陵地区,均能良好生长。适宜生育温度为20～30℃,15℃以下不开花,10℃以上块茎可以萌芽。但地上部茎叶不耐霜冻,温度降到10℃以下时植株停止生长。5℃以下的低温较难生长,有的品种遇到短时间低温(如0℃左右)也有可能冻死。

山药在不同生育时期,对温度的要求不同。由于山药是利用块茎繁殖,所以对发芽温度要求较低,播种期最低地温达到10℃即可,萌芽的适温为15℃。较高的温度可以促进呼吸和各种酶的活动,因而出土快、幼苗壮,低温下萌动则比较缓慢,而且出苗率低,出苗质量没有保证。

山药幼苗的适温范围较广,一般在15～20℃,但短时间低温也不致于冻死。茎叶生长适温为25～28℃,超过30℃,呼吸便会上升。到40℃,茎叶基本停止伸长。到45℃,出现日灼,导致叶脉和幼嫩组织变色坏死。在5℃低温出现时,茎叶停止生长。

山药块茎生长的最适气温是20～24℃,范围很窄,在此温度范围内,对于块茎形成和膨大有利。在20℃以下时,生长缓慢;在24℃以上时,由于呼吸作用不能得到有效的控制,消耗养分过多,影响同化物质的运转和储存,致使块茎肥大受阻。

三、水分

山药不同生育阶段对水分有不同需求,山药播种期,要求土壤湿润,以便于山药种块吸收水分,以保持生命活力;出苗时则要求土壤含水量在18%左右,不宜太高或太低;山药出苗后,根系已经有了一定的生长量,吸收水分的能力增强,对于水分的要求略低于出苗期;山药膨大盛期对土壤含水量要求较高,但也不宜太阴湿,沙质土和壤土的土壤含水量以18%～20%为宜。

四、肥料

山药喜有机肥,但必须充分腐熟,并与土壤掺混均匀,否则块茎先端的柔嫩组织一旦接触生粪,容易引起分叉,甚至因脱水而坏死。生长前期以氮肥为主,利于茎叶生长。生长中后期除适当供给氮肥外,还需增施磷钾肥,促进块茎膨大。

五、土壤

山药为深根性植物,要求土层深厚,土质疏松、排水良好的沙质壤土,凡土质过于黏重或过沙性过重,以及低洼易渍水的地方,均不宜种植。山药对 pH 值有一定要求,生产实践证明,凡 pH 值为 5.5～6.5 的土壤均可种植,但以中性为最好,过碱的土壤山药块茎不能充分向下生长,过酸的土壤易生支根和根瘤。山药吸肥力强,需钾肥较多,一般不宜连作。

第八章　山药主要栽培技术

第一节　品种选择

不同品种山药对栽培条件要求不同。山药按肉质划分有水山药和绵山药两大类,从外形上分有长山药、扁山药、圆山药3种。

一、圆山药

圆山药多呈圆筒形,或呈团块状,也有圆形和椭圆形的。一般长度在 15cm 左右,横径在 10cm 左右。圆山药一般在 10—11月份成熟,然后进入休眠期。到了翌年 3—4 月份,平均气温达到 12℃ 左右时,开始萌芽生根。气温达到 20℃ 左右时,茎蔓迅速生长,并进行分枝,发生子蔓与孙蔓,攀卷右旋着向上生长。

图 8-1　江山廿八都圆山药

圆山药形状短圆,具有明显的顶端优势。虽然由种薯分割的每个小块都可以萌芽生长,但发芽最快、芽条最壮的仍是顶芽;其次是顶芽附近的侧芽。

圆山药多分布于我国南方的福建、台湾、浙江和广东等地。圆山药的地方品种很多,其中浙江省江山市所产的廿八都圆山药适应性较好(图8-1),

在宁波也试种成功,农户评价很高。

二、长山药

长山药的地下块茎为圆柱形长条,长 130～160cm,最长可达 2m,粗 3～7cm,最粗可达 13cm,单重 1 500～2 500g,最重可达 11 500g;表皮黄白色,断面白色,多黏液。

长山药对土壤的要求:土层深厚、土质疏松的沙质壤土或沙土。要求土质干净无污染且上下均匀一致,地下水位低。土壤 pH 值 6.0～6.5。在土层深厚、疏松,适宜栽培的区域产量较高,其代表性品种有铁棍山药、细毛山药、水山药和大和长芋等。

1. 铁棍山药

铁棍山药是长山药的一个品种,铁棍山药因为栽种区域的土质不同分为两个亚种,即垆土铁棍山药和沙土铁棍山药。其中垆土铁棍山药因为所栽区域土质坚硬,土壤黏性,所长形状弯弯扭扭,虽不美观,但其品质极佳,口感好,营养价值高(图8-2);沙土铁棍山药栽植区域为沙地,土质松软,但口感稍次,营养价值比垆土铁棍山药也稍差一些。

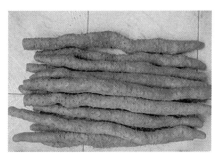

图 8-2　垆土铁棍山药

铁棍山药有两个亚种,在形状上均呈圆柱形,长 60～80cm,最长可达 100cm 以上,直径 2.5cm 左右,表皮土褐色,密布细毛。

山东省焦作地区是铁棍山药的原产地,这里北依太行,南临黄河,形成独特的“牛角川”地势,千年的河流冲积使这里的土壤沉淀了丰富营养和微量元素。焦作属温带南沿,年平均气温

14~15℃,年积温 4 500℃以上,年日照 2 484h,年降水 550~700mm。冬不过冷,夏不过热,干湿相宜,气候温和,为铁棍山药生长创造了得天独厚的自然条件。

铁棍山药在我国已有三千年的种植史,种植历史悠久,曾为历代皇室之贡品,属于四大怀药(怀山药、怀地黄、怀牛膝、怀菊花)中的极品。

2. 细毛山药

细毛山药属于长山药类型,其特点是块茎上密生细毛(图

图 8-3 细毛山药

8-3)。细毛山药栽培历史悠久,早在明清年间就享有盛誉。因其特殊的水土生长条件,成为山药家族中的上乘之品,并成为宫廷贡品。细毛山药具有健脾、补肺、固肾、益精等多种功效,集菜品、药品和补品三者于一体。细毛山药的主要特点是:茎蔓生,叶绿色、卵圆形,尖端三角锐尖。叶腋间着生气生块茎,俗称"零余子",深褐色,椭圆形。花淡黄色,雌雄异株。地下块茎呈圆柱形棍棒状,一般长 80~100cm,横径3~5cm,重 400~600g,外皮薄,黄褐色,表面有细毛,肉质细白,味香甜,适口性好,经化验,其块根(茎)富含黏液质、皂甙、胆碱、尿素、精氨酸、淀粉酶、蛋白质、脂肪、淀粉及碘质等物质,其中粗蛋白 14.48%、粗脂肪 3.78%、淀粉 43.7%、全糖 1.14%。

细毛山药生理特征喜温,生长期较长,亩产块茎 1 500~2 000kg,高产地块可达 2 500kg。

细毛山药适于身体虚弱、精神倦怠、食欲不振、消化不良、慢

性腹泻、虚劳咳嗽、遗精盗汗、糖尿病及夜尿增多者食用。

3. 麻山药

麻山药是长山药的一个主要品种类型,为缠绕草质藤本(图8-4)。块茎长圆柱形,垂直生长,长可达 1m 多,断面干时白色。茎蔓通常带紫红色,右旋,无毛;单叶,在茎下部的互生,中部以上的对生,很少 3 叶轮生;叶片变异大,卵状三角形至宽卵形或戟形,长 3～9(～

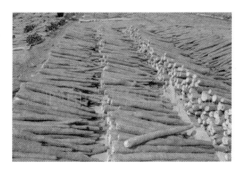

图 8 - 4 麻山药

16)cm,宽 2～7(～14)cm,顶端渐尖,基部深心形、宽心形或近截形,边缘常 3 浅裂至 3 深裂,中裂片卵状椭圆形至披针形,侧裂片耳状,圆形、近方形至长圆形。幼苗时一般叶片为宽卵形或卵圆形,基部深心形。叶腋内常有珠芽。雌雄异株。雄花序为穗状花序,长 2～8cm,近直立,2～8 个着生于叶腋,偶而呈圆锥状排列;花序轴明显地呈"之"字状曲折;苞片和花被片有紫褐色斑点;雄花的外轮花被片为宽卵形,内轮卵形,较小;雄蕊 6。雌花序为穗状花序,1～3 个着生于叶腋。蒴果不反折,三棱状扁圆形或三棱状圆形,长 1.2～2cm,宽 1.5～3cm,外面有白粉;种子着生于每室中轴中部,四周有膜质翅。花期 6—9 月,果期7—11 月。

4. 大和长芋

大和长芋山药是从日本引进的高产山药品种,因其外观均匀、色泽白嫩、口感绵甜、营养物质丰富,产量又高,所以近年来发展很快(图 8-5)。大和长芋山药茎为圆形,表皮紫红色,有时

图 8-5 大和长芋

带绿色条纹。其植株生长势中等,山药茎为圆形,呈紫色,有时带绿色条纹,茎蔓右旋,长 3～5m,横断面为圆形。分枝较少、单叶,茎下部叶片互生,中上部叶片对生,极少轮生。叶片长度在 6.0cm 左右,宽在 6.2cm 左右,叶柄长 5.4cm,两面光滑,无柔毛,表面呈深绿色,背面则为灰白色;叶片边缘为全缘或浅波状缘;基部深心形、宽心形;叶形多变,茎基部叶心脏形,中上部叶 3 浅裂,大多为三角状戟形;顶端渐尖至锐尖;叶脉 7 条,辐射状,网脉明显,基生脉有 2～3 个分枝。叶腋间有珠芽,每处 1～2 个,初生圆形,成熟后圆柱形、圆形或不规则形,灰褐色,天气潮湿时表面生气生根,成熟时变成瘤。雌雄异株,栽培的为雄株。在开花时,其雄花序为穗状花序,长 1～3cm,2～11 个着生在叶腋,且花色为淡黄色、花小。大和长芋山药在江苏省徐州市的沛县种植较多,山药种植户在挖沟栽培时,可于每年 4 月中旬播种,在播种时,沟距通常应设置在 100cm 左右,沟深为 130cm,株距为 25cm,每亩密度在 3 000 株左右,在种植后 180d 左右即采收。

5. 水山药

水山药又名淮山药,或称"花籽山药""杂交山药",原为江苏省沛县地方品种,是我国常见的长山药品种之一(图 8-6)。江苏、安徽等地种植较多。该品种植株生长势强,蔓长 3～4m,圆形,紫色中带绿色条纹,主蔓多分枝,除基本节间分枝较少外,每

个叶腋间均有侧枝,不
结零余子。叶片小,黄
绿色,缺刻大,先端长而
尖;叶柄较长,叶脉 5 条,
基部 2 条多分枝。叶片
互生,中上部对生,间有
轮生。穗状花序,花小,
黄色,单个,花被 6 个,蒴
果 3 棱状,不结种子。块
茎圆柱形,栽子细而短,

图 8-6 水山药(又名淮山药)

仅 10～15cm 长。另外,在选用块茎近茎端作山药种栽时,从其
顶部长 20～25cm 处切下,可当种栽。水山药从外表来看,表皮
黄褐色,瘤稀,毛少且短,肉白色,光鲜质脆,汁液多,长 130～
150cm,最长者可达 170cm,直径 3～7cm,单株块茎重 1.5～
2.0kg,最重者达 5kg 以上。水山药的茎通常带紫红色,含淀粉
和蛋白质,可食用,块茎长圆柱形,垂直生长,长可达 1m 多。

　　"九斤黄"是近年培育出来的一个水山药新品种,它有以下
几个特点:①产量高。一般亩产都可以超万斤。②不结山药豆。
以山药块茎繁殖。③含水量高。一般都超过 86%,个体大,外
观好。④含淀粉量少。炖食或煮食口感差,炒食或生食较脆。

　　6. 短蔓双胞山药

　　短蔓双胞山药是江苏省东南沿海地区经过系统选育培育出
来的一个山药新品种,该品种的突出特点是短蔓和双胞。

　　(1)短蔓。通常山药品种的植株茎蔓靠攀缘生长,成龄茎蔓
长 3～4m、粗 0.2～0.8cm,需搭架才能向上生长,而该品种当主
蔓长至 40cm 左右时,嫩梢自然萎缩,藤蔓粗短,主蔓长 60～
70cm,仅为普通山药的 25%～30%,可在地面攀缘生长,一般采

用地爬栽培或低架栽培方式。主蔓萎缩后,很快分生侧枝并旺盛生长,共有侧枝7～8条,蔓长50～60cm。

(2)双胞。该品种因1株种苗可长出2根山药而得名"双胞"。据观察,通常情况下,有77%～84%的植株能产生2根山药块茎,3%～5%的植株能结三四根山药块茎,仅10%～18%的植株产生1条块茎。

成品山药块茎长50～60cm。该品种的块茎肉质细腻黏滑,刨皮后自然存放,其雪白肉质数天不变色,蒸煮易酥而又不烂。

三、扁山药

扁山药块茎扁平,有许多变种,有的形如脚掌,有的形如银杏叶片,有的形似灵芝、佛手,以形命名,对其变种分别称之为脚板薯或脚板苕、银杏薯、灵芝薯、佛手薯,也有长棒形的(图8-7)。我国栽培扁山药的历史悠久,主要分布在山东、浙江、江西、台湾、四川、贵州和福建等省。扁山药多以食用为主,营养价值不亚于其他类型的山

图8-7 扁山药

药,水分含量比长山药少,粗蛋白和可溶性无氮物质等多于长山药。在市场上属于高档品种,可作为糕点的加工原料,也可做饮料。同时,扁山药的药用价值也很高。扁山药生产比较稳定,意外灾害较少,栽培用工较少,很容易大面积栽培。但栽培扁山药所用种薯较多,种薯费用约占整个生产费用的40%。同时,一

年一作,占地时间较长,还容易被线虫寄生。

灵芝山药、佛手山药属于扁山药中的稀有品种。

1. 灵芝山药

灵芝山药又名"大久保德利 2 号"山药,原产日本,是一个中熟品种,食药兼用,外皮淡黄褐色,须根很少,外形变化较多,有下宽上窄呈酒壶状,也有短粗长棒状的,还有薯肉肥厚的短扇状的,与人们传统观念中的山药相比较感觉有点畸形(图 8 - 8)。它含水量比长山药少,淀粉、蛋白质和黏液汁含量均比长山药高,煮炖吃起来

图 8 - 8　灵芝山药
(大久保德利 2 号山药)

又绵又面,适口性好。和长山药比它种植时不用深挖沟,收获时也很省工,每亩地只需要 2～3 个工。目前主要用来进行深加工出口。它的适应性很好,在我国适合种长山药的地区都可以种植,且此品种抗病性很好。从种植者的角度来看,这个品种产量高,用工少,其贮存性及肉质口感都极其突出,主要优点有:

(1)营养好。与铁棍山药、淮山药或其他普通山药相比,灵芝山药多糖,蛋白质含量高 50%。

(2)口感好。煮熟的灵芝山药软硬适中,香而糯,糯而不腻,味道香甜。用灵芝山药与排骨、鱼头、牛肉等煲汤的时候,越煮越鲜,不用放味精就能把食物本身的鲜味发挥到极致。

(3)煮熟后不糊。灵芝山药,不管怎么煮都不会糊。铁棍山药和其他山药煮熟后易糊,而且还有丝状物。

(4)适合所有人食用。对小孩,中老年人都适合,特别是对病后身体虚弱和妇女产后的调养有很大的帮助。医圣李时珍的《本草纲目》中有记载,灵芝山药能治诸虚百损、疗五劳七伤、去头面游风、治腰痛、除烦热、补心气不足、开达心孔、多记事、强筋骨、益肾气、健脾胃、治泻痢、化痰涎、润皮毛、降血压、抗肿瘤、缓衰老延年益寿。

(5)适应性强。灵芝山药不仅耐寒,也相当耐热抗病。灵芝山药在我国长江以北和北纬45°以南均可种植。在此范围之内只要地温稳定在10℃即可定植。

灵芝山药外皮淡黄褐色,须根很少,中熟品种。据测定,新鲜块茎中含水率81%,粗蛋白含量2.49%,黏度353cP,锌含量2.9μg/g,锰含量3.7μg/g。外形变化较多,或呈现下宽上窄的酒壶状,也有长得比较短粗的长棒状的,还有薯肉肥厚的短扇状的。

灵芝山药一般长度为20～30cm,单重400～800g。叶片心形,蔓长5m。只要地温稳定在10℃即可定植。其亩产量为1 500～2 000kg。

2. 佛手山药

一般的山药为长条状,无支节,而湖北省大别山南翼横岗山

地区的佛手山药却形似掌形,相传为禅宗四祖司马道信精心培育而成,具有很高的营养保健价值(图8-9)。道信圆寂后,人们为了纪念这位大德禅师,将这种山药称为"佛手山药",使其具备了深厚的人文审美意蕴。

图8-9 佛手山药

湖北省蕲春、武穴等地规

模化种植佛手山药已有 300 余年的历史,武穴市以横岗山、一尖山南麓山药为上品,蕲春县则以其北部山区一带山药品质为佳,也少量散分布于黄梅县等周边临近地区。

佛手山药的特点如下:

(1)口感好。醇香绵厚,糯味悠长,口感不同于一般山药。

(2)营养价值高。营养价值比一般的山药要高,以其与排骨、鱼头、牛肉等煲汤,不仅口感好,且具有健脾、补肺、固肾、益精等多种功效,秋冬进食乃是大补。

(3)药用价值高。湖北黄冈的佛手山药原本就是全国出名的中药材。医圣李时珍在《本草纲目》中指出,佛手山药能治诸虚百损、疗五劳七伤、去头面游风、治腰痛、除烦热、补心气不足、开达心孔、多记事、强筋骨、益肾气、健脾胃、治泻痢、化痰涎、润皮毛、降血压、抗肿瘤、缓衰老、延年益寿。

四、紫山药

紫山药薯块紫红色,红皮红心,原产亚洲热带地区(图 8 - 10)。在我国已有悠久的栽培历史,由于其经济、社会效益显著,紫山药的主产区已由江西、广东、台湾、福建等省扩大到我国南北各地。浙江省各地也多有栽培,宁波市也引试成功,被列为当地主推品种。

图 8 - 10 紫山药

紫山药营养价值、药用价值都很高。据测定:其块茎中含有蛋白质 1.5%,碳水化合物 14.4%,并含有多种维生素和胆碱等。比普通山药营养价值高 20 倍,富含薯蓣皂(天然的 DHEA),内含有各种荷尔蒙基本物质,既是餐桌佳肴,又是保健药材。经常食用紫山药有促进内分泌荷尔蒙的合成作用,可增加人体的抵抗力。并有助于皮肤保湿,还能促进细胞的新陈代谢。因此,紫山药不仅被视为营养珍品,誉称为"蔬菜之王",而且被作为药材原料使用。据《本草纲目》药书的记载,食用紫山药既能增加人体的抵抗力,降低血压、血糖、抗衰益寿等,还有益于脾、肺、肾等功能。紫山药含有大量的蛋白质、多糖及淀粉等营养物质,有滋肺益肾,健脾止泻,对脾虚腹泻、久痢不愈、虚痨咳嗽、肾虚遗精、小便频繁等有一定的食疗作用,而且食味鲜美。紫山药还含有大量紫色花青素,有利于治疗心血管疾病,并且起到抗氧化,美容养颜的作用。

五、其他常见品种

1. 淮山药

原为河南地方品种,河南省温县、沁阳、武陟等地种植较多。

图 8-11 野生的淮山药

该品种植株生长势强,茎紫色,圆形,长 2.5～3.0m,多分枝(图 8-11)。叶片绿色,基部戟形,缺刻小,先端尖,叶片互生,中上部对生,叶腋间生零余子;块茎圆柱形,栽子粗短,一般长 10～17cm,去皮浅褐色,密生须根,肉白,质紧,粉足,久煮不散。最长的可达 80～100cm,直径 3cm 以上。单株块茎重 0.5～1.0kg,重者 1.5～2.0kg;每亩可产鲜山药 2 500kg,挖沟栽培的适宜密度为每亩 4 000~4 500 株。

2. 太谷山药

原为山西省太谷县地方品种,以后引种到河南、山东等地。

该品种植株生长势中
等,茎蔓绿色,长 3~
4m,圆形,有分枝(图
3-12)。叶片绿色,基
部戟形,缺刻中等,先
端尖锐,叶片互生,中
上部对生。雄株叶片
缺刻较小,前端稍长;
雌株叶片缺刻较大。

图 8-12 太谷山药

叶腋间着生零余子,形体小,产量低,直径 1cm 左右,椭圆形。块
茎圆柱形,较细,长 50~60cm,直径 3~4cm,畸形较多,表皮黄
褐色、较厚,密生须根,色深,肉极白,肉质细腻。品种优良,食药
兼用,以药用为主,加工损耗率较高,质脆易断,每亩可产
1 500~2 000kg。

3. 梧桐山药

原山西省孝义市梧桐乡地方品种,后传入河南、山东等地,

该品种生长势强,零余
子产量高,较大,块茎
圆柱形,表皮褐色,黏
质多,肉极白,质脆,易
熟,药食兼用,可在黏
土上种植(图 8-13)。
经农业部批准,梧桐山
药已实施原产地保护。

图 8-13 梧桐山药

此外,山药地方品种很多,资源极为丰富。浙江省瑞安参薯,江山圆山药,河北省惠楼山药,汉水银玉,桂淮 2 号、5 号等。据浙江省亚热带作物研究所、温州医学院、广州中医药大学、瑞安市农林局李小侠、吴志刚、魏余煌、陶正明等人报道,世界上山药类植物超过了 600 种,在我国大陆地区有 93 种,我国台湾地区有 14 种。

第二节　播前准备

一、地块选择

山药种植应尽量避免重茬,如要连作不宜超过 2 年。种植地应选择地势较高、排水良好、土壤肥沃、土层深厚、疏松,且要求上下土质一致的沙壤土或壤土种植。山药根系周边要求土层中无砖瓦石块,以免造成山药根状块茎畸形。如下层有黏重土层或白沙岗土层,要在开沟时就予以彻底打碎。土壤 pH 值以 5.5～6.5 为宜,并忌种花生、甘薯、红芋等茬。可纯作,或与大蒜、洋葱、甘蓝、花菜等蔬菜套作,也可与棉花、大豆、芫荽等间作。

不同品种对土层深度要求不尽相同,长山药对耕作层要求较深,最好能达 1m 以上,而圆山药、扁山药与紫山药对土层深度要求低于长山药,有 40～50cm 深度就能基本符合要求。

二、整地作畦

山药块茎入土很深,整地作畦务必做到"深沟高畦"。种植长山药,如铁棍山药,一定要深翻,新茬地一般在冬前深翻,深翻深度至少要达到 80～90cm 或以上,种栽深度不小于 40～50cm。

种植沟开挖应在冬前或初春进行,一般沟宽 22～25cm,深 50～60cm。人工开挖时需要两锹土。第一锹将上层 25～30cm

厚挖成大块放在行间晾晒,最好将余土铲平,也放在行间。然后再挖第二锹,即将下层约 30cm 厚土铲成 2～3cm 厚的小片,仍放在沟内,让其冻松熟化,再将沟旁 2/3 上层土把入沟内,整平成宽 22～25cm、深 7cm 的播种沟。挖沟、整地时要将砖瓦、石块剔除干净,以免山药分叉畸形。大面积种植时,可采用山药专用深耕机械深耕(图 8-14),沟深 80cm,沟宽 20cm,不打乱原有土层,使土壤疏松均匀,又省工节本。也可采用打洞栽培,一般在秋末冬初进行,

图 8-14　山药种植挖沟机

施足基肥后耕翻平整,按预设的行距划线,在线上按株距要求加以打洞,洞直径 8cm、深 80cm 左右。

圆形山药多生长在浅土层,无须进行类同长山药那样的深耕,但也必须保持一定的耕作层深度,由于长山药的块茎多集中在深 50cm 的土层,根群多集中在深 30cm 的土层,因此除选用沙壤土或壤土种植外,还应使耕作深度达到 40～50cm 或以上。

圆山药的适宜温度为 20～33℃,因此,选择栽培地时,应选择日照量较多的地块。同时,由于圆山药生长需水较多,种植土地还应具有较好的保水性,并具有良好的排水条件。

在秋冬季节,要抓紧时间对种植土地进行深翻和晒垡,争取在冬季使土壤熟化。圆山药田要作畦,畦宽 120～150cm,每畦栽两行;也可做成 90～100cm 宽的畦栽一行。病虫害严重的地区,可结合整地,用土壤消毒剂进行土地消毒处理,土壤消毒的

深度应在 20～30cm。

据试验,地下水位低的土层容易获得高产,如 50cm 深的土层水位比 25cm 深的土层水位产量要相差 1 倍。这是因为地下水位低的田块,根系生长旺盛,块茎生长时间长,叶片到 10 月份才会变黄。而地下水位高的田块,不仅根数少,而且分布范围小,在 8 月份叶片即开始变黄,块茎生长时间较短,还会发生腐烂现象。因此,应尽量选择地下水位较低的土地种植圆山药。

我国扁山药栽培,多集中在东南和华中地区,与水稻、甘蔗、花生等轮作。扁山药的前作和后作,均以普通栽培作物为佳。前作应避免土壤线虫容易寄生的作物,因为扁山药最易受到线虫危害。多肥栽培的果菜类前作,不适于栽培扁山药,极易引起山药茎叶徒长,使块茎过大或畸形。

扁山药的选地、整地作畦要求与圆山药基本相同。

扁山药对酸性土适应能力较强,但酸性过强也会使生育变劣。在冲积土上栽培,缺镁现象较多。同时,不同土质也会影响扁山药的长短和产量。沙性土壤适宜栽培短扭的扁山药类型,不仅产量高,而且品质也好。而河海沿岸的冲积土和黏性壤土,则应栽培长型的扁山药,可取得较为理想的结果。

紫山药地块选择、整地作畦要求与圆山药、扁山药基本相同。但不同地区、不同品种的畦沟尺寸也不尽相同,如宁海县种植紫山药一般都深耕 30cm,然后精细整地,畦宽 50cm,畦高 30cm,沟深 15～20cm,采用宽窄行的方式挖沟栽植,亩栽 1 800～2 000 株。

三、施足基肥,保持土壤合理的酸碱度

结合深耕、整地作畦,要施足基肥。山药的基肥可以撒施,也可以沟施。撒施时,基肥一般多以有机肥(如腐熟的饼肥、鸡粪、鸭粪等)为主,无机肥为辅,一般每亩可撒施农家充分腐熟的

有机肥 3 000～5 000kg,外加高钾复合肥 40～60kg,或钙镁肥 50kg,磷肥 50kg 作基肥,或用山药专用生物有机肥 300～400kg 作基肥。撒施基肥时,应做到肥料要和土壤均匀混合,以防烧苗;沟施时,如宁海县胡陈乡祥祥家庭农场先将基肥按每亩腐熟农家肥 1 000kg、磷钾肥各 25～30kg、尿素 8～10kg 的用量配制,混合均匀后,施入沟中,然后覆土整畦覆膜。在施足基肥的同时,还要注意保持土壤合理的酸碱度,使 pH 值保持在 5.5～6.5 的范围内。

四、播种

(一)播种期确定

山药的播种期应因地制宜,合理确定。3 月下旬至 5 月初一般都可播种,浙江省大部分地区在清明前下种,但具体播种时间应以当年的气温和地温为准,在气温升到 12℃以上、地温稳定达到 10℃以上时种植为宜。宁海县种植紫山药一般在 5 月初(立夏前后)直接播种,或在 4 月初选用土壤肥沃的田块作苗床,采用地膜搭架育苗,待苗高 3cm 左右时移栽。

(二)播种前准备

1. 种薯准备

(1)种薯选择。山药栽培选种十分重要。这是因为山药一般都是用块茎进行无性营养繁殖,杂交很少,遗传性单一,新块茎可将老块茎的性状保留下来。其优良的遗传素质,集中在接近茎蔓的部位,即近茎上部。块茎的长短宽窄因品种不同而异。一般情况下,应选择上部断面圆形或椭圆形、肉质厚,且较坚实,毛根细而少,无病虫害的块茎作为种苗。单个块茎重量以 200g 左右为宜。100g 以下的小块茎多发育不良。200g 以上的块茎又过大,切割时断面太多,很易造成外伤,也不好储藏。对于有线虫寄生的块茎,或有其他病虫害的薯块,一概不能留作种苗。

（2）种薯切割。山药种薯各个不同部位具有不同的生长优势。靠近茎基部的一段优势明显,因此切块可以小一点,一般在50g左右就行;顶端往下的块茎,即中间部位,切块应在60～70g;最下端的部位,因块茎不够充实,切块一般在80g左右。

棒形种薯可以从上到下切割,顶端每块40～50g,下部每块70～80g。在切割前要先把比例算好,做到切得合理。宁海县播种紫山药对薯块是按尺寸大小来确定的,具体做法是:将薯种按3cm×3cm面积纵切成薯块,每个薯块都带有顶芽。

实践证明,不同部位的种薯有不同的产量表现。上部种薯产量高,越到下部产量越低,一般上部比中下部产量可提高10%或以上,而且单个块茎重量也大。

切割种薯应在种薯休眠期进行,浙江省宁波市多在12月份至翌年1月份进行。切割器具要保持清洁卫生,用竹片切割时一定要使片刃锋利。做到1次切好,不要弄下很多伤痕,以便很快形成木栓层,以保护伤面,使伤口尽快愈合。

（3）种薯消毒。播种前要对切割薯块进行消毒。一般措施是在切口处涂抹石灰粉进行消毒,也可用500倍的多菌灵、或1 000倍的粉锈宁、或72%的百菌清1 000倍浸种3～5min,晾干播种。宁海县对薯块的消毒方法是:将切好的薯块用草木灰沾种,晒1～2h,然后放在室内2～3d,待切面愈合后播种。

山药苗消毒后晾晒,是一项不可忽视的技术环节,晾晒可以活化种薯,增强杀菌效果、提高出芽率。

切割的薯块要进行消毒,完整的种薯作种苗也要先用80倍的甲醛溶液浸泡20min,以除去种薯表面细菌,然后放在一块干净的席子上晾2～3h,接着置于室内暗处继续摊晾1d。

2. 播种

（1）播种密度确定。山药的播种密度应根据品种、当地土壤情况、种植季节、栽培方式和栽培目的等多种因素确定,长山药一般可亩栽 3 000～3 300 株;圆山药每亩栽植 3 000～4 000 株为宜;扁山药栽培密度可高于长山药与圆山药,一般可亩栽 6 000 株左右;紫山药则不宜过密。浙江省台州市农业科学研究院王娇阳等对紫山药地方品种种植密度进行了对比试验(表 8 - 1)。试验表明,在一定范围内,个体密度的增加可以提高总体产量,但是如果过密,会影响个体产量,反过来又会影响总体产量,一般栽植密度为每亩 2 500～2 800 株为宜。

表 8 - 1　紫山药不同栽培密度试验

密度(cm×cm)	单株产量(kg)	667m² 产量(kg)
30×55	0.835	3.432
40×55	1.320	4.062
50×55	1.465	3.482
60×55	1.530	3.160

(引自:王娇阳等.2013 年 12 期浙江农业科学)

山药栽培方式可分为支架栽培和爬地栽培,不同栽培方式栽植密度不同,一般原则是:支架栽培较密,爬地栽培宜稀。此外,确定栽培密度时,还应考虑土质及栽培目的,肥沃土壤宜密,瘠薄地宜疏;收薯食用或药用宜密,留种栽培宜稀。

(2)播种。一般在 4 月上中旬,当气温回升到 12℃,地温稳定在 10℃以上时,选择符合品种特征、无病斑、块茎上端较硬的种块或繁殖的山药种块于晴好天气种植。播种时注意事项:①山药下种时,要做到有芽的一起下,大小一般大的一起下,以保证发芽出苗整齐;②下种时薯块要离穴肥 3cm 左右,并且要使有薯皮面朝上,然后盖上 2～3cm 厚的泥层,以利出苗;③山药播种后先要盖上 6～10cm 厚的浮土;接着浇水;④浇水后用"山药专用除草剂"150～200g 对水 100kg 均匀喷洒,然后再盖地膜。

第三节　田间管理技术

一、追肥

山药播种后的追肥，要根据播种时基肥用量及山药实际需肥情况确定。如果基肥施用较多，可少施或不施追肥。但为了确保山药稳产、高产，一般应追施两次，分别于每年的 6 月下旬至 7 月下旬施用。宁海县紫山药追肥方法是：苗高 10cm 时，结合清沟除草亩施腐熟农家肥 500～800kg；立秋至白露期间亩施三元复合肥 50kg 左右或硫酸钾 40kg，以促进薯块膨大。

追肥应选用磷钾含量较高的多元复合肥为主（山药对氮、磷、钾的需求比例是 1.5：2：5），每亩 30kg 左右，施肥方法一般都采取冲施。

二、抹芽、插架

山药栽种后，一般 20～30d 出苗，出苗后要留强健主芽 1～2 个，同时抹除其余赘芽，以减少养分损失；当茎蔓长到 30～35cm 时，每株山药插一根竹（木）竿，搭成"人"字架，架高约 150cm，或每 3～4 根交叉，从上部捆成一束，绑蔓上架，并及时剪掉侧枝，增加田间通风透光，以利于山药生长。

三、水浆管理

山药怕涝，但也不可过旱。定植后苗期基本不浇水，在茎叶旺盛生长后期保持土壤见干不见湿。块茎膨大期（时间约在 7 月中旬至 8 月下旬）如连续不下雨应适当浇水或过一次跑马水，以保持土壤湿润状态，收获前 10d 停止浇水。在伏雨季节每次大雨过后，应及时排除渍水。

四、中耕除草

山药出苗后浅中耕 1 次，以后每次浇水和降雨后都应进行中耕,中耕时宜浅不宜深,以免损伤根系。

五、剪枝、摘花蕾

当中上部的茎蔓叶腋间生长出"零余子"的花蕾时,除留下结"零余子"的植株外。其他植株花蕾应全部抹掉,并及时剪去侧枝,既减少养分消耗,又利于通风透光,使养分集中于块茎膨大部分。

第四节　病虫害防治

山药种植通常发生的病虫害主要有:茎腐病、炭疽病、线虫病、斜纹夜蛾、蛴螬等。

1. 防治原则

采取"预防为主,综合防治"的植保方针,坚持以"农业防治、物理防治、生物防治为主,化学防治为辅"的综合治理原则。

2. 农业防治

清洁田园,合理品种布局;选择健康的土壤,实行轮作;对设施、水、肥等栽培条件严格管理和控制;建立病虫预警系统,以防为主,尽量少使用农药;发现重病株及时清除,远离深埋。

3. 人工或物理防治

如蛴螬可人工捕杀。在出山药时发现蛴螬幼虫随即掐死;还可利用成虫交尾不动习性,傍晚进行人工捕捉;也可利用成虫的趋光性和趋化性,用黑光灯和喷药的杨树枝把进行集中诱杀。

4. 化学防治

(1)种块消毒。见前述。也可于发芽前用 50％多菌灵 600 倍稀释液浸泡 30min 左右,捞出晾干即可。可杀死种块上所带的线虫和其他病菌。

(2)土壤处理。土壤处理在山药重茬种植中是必不可少的,否则会导致严重减产。处理方法：①播种时每亩用5%辛硫磷颗粒剂2.0～2.5kg（用50%辛硫磷乳油1kg拌直径2mm左右的炉渣10kg制成的5%辛硫磷毒砂）＋50%福美双毒土（可湿性粉剂2kg与15～20kg细土混匀），顺栽植沟撒施，然后下种覆土。此处理可防治地下害虫、立枯病和线虫病等多种病虫害的发生。②未进行土壤处理的，在甩条期（5月中旬至6月上旬）可用80%敌百虫可湿性粉剂100g，加少量水拌炒过的麸皮5kg，于傍晚撒施，诱杀地老虎、蝼蛄，每隔2～3m刨一个碗口大的坑，放一撮毒饵后覆土，每亩用饵料1.5～2.0kg，诱杀蝼蛄和蛴螬。

（3）田间防治。

斜纹夜蛾：可于6月上旬用2%甲氨基阿维菌素微乳剂，每亩5～7g喷雾防治1次，也可用斜纹夜蛾性诱剂进行诱杀。

蛴螬：一是土壤处理，用3%辛硫磷颗粒剂，每亩3～4kg在防治适期进行土壤处理，能收到良好效果，并兼治金针虫和蝼蛄。二是叶面喷雾，在幼虫出土前（6月中旬）用20%吡虫啉可溶液剂每亩350～700g，或30%辛硫磷微囊悬浮剂每亩80～120g等茎叶喷雾防治，注意地面也要均匀喷洒，隔7～10d喷1次，连续2～3次，效果良好。同时在成虫盛发期对山药田附近的沟渠、荒坡、冠木林带等蛴螬栖息场所用以上药剂进行喷雾，杀死成虫压低虫源基数，都能取得较好的防治效果。

线虫病：一是建立无病留种田，为大田生产繁殖无病种苗；二是浸种，将山药用10%吡虫啉1 000倍浸种30min，基本上可消灭种栽时携带的线虫。三是灌根，分两次进行，一般与浇水同时进行，第一次在麦收头（5月25日左右，甩条期），第二次立秋前10d（7月底8月初，增重期），每次每亩可用5%阿维菌素20～25g。

病害防治:病害发病初期是用药的关键时期。炭疽病可用16％二氰·吡唑酯1 000倍液,或65％代森锰锌500～600倍液,或70％甲基硫菌灵800倍液,喷洒2～3次,每次间隔7～10d,兼治白涩病。茎腐病可用40％菌核净500～800倍液喷洒茎叶,结合50％多菌灵400～500倍液灌根,共灌2～3次,每次间隔10d。高温多雨季节及时排除田间渍水,增加喷药次数。

第五节　采收与保存

一、收获

山药根状块茎的采收通常在霜降以后、茎叶枯黄时进行,采收前30d,禁止使用农药。商品山药一般根据市场需求,从8月中下旬开始陆续采收,直到翌年4月,随采随售。冬季不采收的可在田间越冬,需在地表覆土10～15cm防冻,或适当加盖秸秆或地膜,以保护山药栽子不受冻。采收时,搭矮架栽培的,先把支架和茎蔓一齐拔起,抖落茎蔓上的气生块茎(即山药蛋、零余子),将其收集后再采收山药块茎。掘收时要特别细心,从一端开始,在第一行山药附近先挖一条60cm深的沟,用特制的山药铲逐渐将山药上层的土剔除,再从两株中间顺着块茎向下挖并除去土,当山药下部全部挖出后,连土一起提出,略晒后轻轻剥净泥土。采收时应尽量避免各种损伤,采收后晾晒愈伤。人工采收时应细心挖取,轻拿轻放,抹去体表泥沙后进行分级。

除人工挖掘外,还可用高压水泵冲刷采收,商品率高,省工节本。

对于留种(栽子)田块,应在霜降前采收,以保证种块组织充实且不受冻。种根应具有品种特征,挖掘时不伤根皮,截取最上端的山药栽子,其断面应蘸石灰粉防腐,藏于窖中越冬或在室内用沙土埋藏,温度保持在 5℃左右,以防冻害。气生块茎可在地下块茎采收前 30 天采收,也可在霜前自行脱落前采收。

二、贮存

山药茎块以低温(0～5℃)避光保存为宜,一般不用冷库。其方法是:挖山药时,不要把山药上的泥土挖掉,存放在室内要求的湿度下,也可以采用挖沟埋藏法,待上市时随时采收。

三、包装

山药运销前,应按规格等级分别包装。单位重量一致,大小规格一致,包装箱或包装袋要整洁、干燥、透气、无污染、无异味。绿色食品标志设计规范,包装上应标明品名、品种、净含量、产地、经销单位、包装日期等。山药存放区有明显的标识,禁止非绿色食品产品和绿色食品产品混存,绿色食品运输使用专用运输工具。装车前按规程进行清洗,保证运输过程中不污染山药产品。

第六节　山药的繁殖方法

山药的繁殖有山药豆繁殖、山药栽子繁殖和山药段子繁殖三种方式。

一、山药豆繁殖

(一)山药豆的形状与结构

山药豆即山药的气生块茎,又称零余子,是腋芽的变态,亦为侧枝的变形,可供食用,也可用于繁殖(图 8－15)。茎蔓生长到第 20 节以后,上端向下第 3 节叶腋表皮下 1～2 层细胞进行平周分裂,增加细胞层数,在第 5～6 节上可以看见叶腋部位隆起。表皮下的第 2、第 3 层细胞继续进行平周和垂周分裂,形成 1 团分生组织的珠芽原基。外观上看见绿色小珠芽时,内部才开始分化,同时形成根原基。由于珠芽分生带细胞的平周分裂,细胞数量增加,体积增大,珠芽便进而成为球形的山药豆。

图 8 - 15　山药豆

成熟的山药豆呈椭圆形,褐色或深褐色,秋后成熟自然脱落。其表皮粗糙,最外面 1 层是较干裂的木栓质表皮,里面是由木栓形成层构成的周皮。外部可见马铃薯块茎状芽眼和退化的鳞片叶,而且顶芽也是埋藏在周皮内,外观不易觉察。从解剖结构上看,山药豆仅有根原基和根的分化,没有侧根分化,当年的顶芽也处于休眠状态。

(二)繁殖特点与采收贮藏

采用山药豆繁殖种苗,具有种子繁殖相似的特性,可大幅度提高山药的繁殖系数。但成熟的山药豆必须经过后熟或层积期才能萌发,一般在第 2 年播种。采用山药豆繁殖的种苗,当年的小山药是良好的山药栽子,单根重 30～100g,最大 200g 以上,第 2 年种下小山药(100g 以下可不分切)后,可获得商品价值较高的大山药块茎。

作种用的山药豆,应在当年收获期即霜降后于晴天收集。剔除退化的长形山药豆,尤其要剔除毛孔外突且发芽能力弱的,选用粒大粗壮、毛孔稀疏、表皮光亮、肉色洁白的山药豆,贮藏于温暖处过冬。山药豆可置于室内干燥的南墙角,1 层种薯、1 层稍湿润河沙交替层,叠 2～3 层,最上部覆盖草毡等物,以防冻保湿,温度保持在 0℃以上。贮藏期间经常检查,如发现河沙过干或过湿均应及时调整。

（三）山药豆播种

1. 耕地准备

选择地势高燥、排水通畅、地下水位低和酸碱度适中的田块。秋季作物收获后,先按行距 50～60cm 分行定位,种植行深30cm、宽 15cm,不打碎土块(以利冻松熟化),初步起垄,垄高20cm、宽 30cm,垄沟宽 20～30cm,垄长 15～30m,挖好排水沟,防止雨季田间积水。

2. 山药豆准备

剔除腐烂和感染病害的山药豆,播前 10～15d,将其摊放在草席上单层晾晒,每天翻 1～2 次,使其受热均匀,傍晚收回室内覆盖防冻,注意不可暴晒,以免种薯失水过多影响发芽。经过晾晒的山药豆,表皮灰绿色,表面有很多疙瘩状突起,剥开表皮可见紫绿色的肉,重量降低 20%～30%。播种前或催芽前,可用杀菌剂和杀虫剂浸种预防病虫害。催芽可提高山药出苗率和出苗质量,大田播种前 20d 左右,可采用小拱棚双膜催芽。在催芽床内先铺 1 张网眼较小的网,将山药豆整齐摆放在网上,上面覆盖 1 层相同的网,随后覆盖 3cm 厚细土,上面铺地膜,最后搭建拱棚覆盖棚膜,保持适宜湿度。当山药豆上出现白色芽点(长度不超过 1cm)时即可定植于大田。

3. 播种

3 月上旬至 4 月初,地温稳定在 10～12℃时播种。播种时,根据垄两端桩头标记,先在垄沟两侧开沟,每亩沟施硫酸钾复合肥 100kg,然后沿垄背开播种沟深 6～8cm。边开播种沟边取土埋肥,然后按株距 10cm 单粒播种,播后及时盖土,并整地拍实垄面。垄沟内(垄间)每亩撒施腐熟畜禽粪或饼肥 1 000～

1 500kg,浅耙 3cm 深垄沟表土,拌和肥土,使肥效缓释,防止肥随水流失。

4.播后田间管理

6 月底 7 月上旬,每亩追施尿素 15～20kg,同时配施适量磷钾肥。8—9 月,根据山药长势再追施适量速效氮肥,防止茎蔓枝叶早衰。

二、山药栽子繁殖

山药栽子也称龙头、芦头、芽嘴子,或称为山药嘴子或山药尾子,是山药收获时块茎的上端部分,一般长 20～30cm,栽培山药常用这一部分做种,俗称山药栽子(图 8 - 16)。山药栽子位于块茎的上部且较细,栽子肉质粗硬,品质差,不宜食用,但可作为种用。

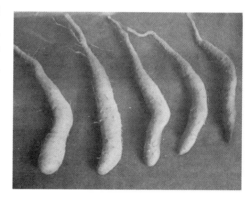

图 8 - 16 山药栽子

留种(栽子)田块,应提前在临近霜降时采收,以保证种块组织充实且不受冻。种根应具有品种特征,挖掘时要小心,不要伤到根皮。

栽子切段长度,一般长 12～20cm,重 100g 以上,栽子切下后,断面要蘸石灰粉防腐,伤口干燥后晾晒 1d,藏于窖中越冬或在室内用沙土埋藏或在室内通风处堆放贮藏,温度保持在 5℃左右,以防冻害。栽子经过数月休眠期,翌年春季便可催芽栽种。

栽子繁育的优点是可以直播,长出的子代山药粗壮、产量高,出苗早,发育快、植株生长旺盛,一般可比切段繁育增产15%～30%,且早出苗 15d 左右,但繁育超过 4 年后,顶芽严重衰老、退化,产量会逐渐降低。而且因每个根状块茎只有 1 个栽子,繁殖系数较低。

三、山药切段繁殖

山药切段繁育是指挑选符合要求的种薯,切成一定长度的切段来进行繁殖的方法。所选种薯要求根条长 100cm 以上,直径 2.5cm 以上,健壮、新鲜、质地坚实、饱满、无病斑、无虫眼、无分叉、生长正常、未受冻害且具有明显的垂直向地生长习性,其上端较细,根状块茎的中上部和下部较粗。切段时,先除去两端各 10～15cm,然后分切成长 5～8cm 的段,每段质量应不小于40g。块茎切段后平摊在通风处,晾至断面伤口皱缩,手触及不沾黏液,但不可过于干燥,以免山药切段表皮失水过多,不利于芽的萌发。山药切段种植前最好催芽,催芽处理可比直接播种出苗率提高 25%～30%,出苗时间缩短 10～15d。催芽一般在湿细沙中进行,适宜温度为 20～25℃,每隔 5～7d 要检查一次发芽情况,如发现烂种要及时清理,将周围正常的薯种晾晒一下,然后继续催芽,催至芽眼有米粒大小就可播种。播种前若发现1 个种段有几个芽,可选留 1 个壮芽,其余抹掉,同时要将山药切段置于室内散光下,使芽变绿,以利于出苗。

切段繁殖具有多年栽种不易退化的优点,有利品种改良。缺点是消耗的块茎比较多,切块较费工费时,且种植后,山药块茎出芽慢,出苗期(不定芽开始形成到出苗)50～55d,这段时间常遇连续阴雨天气,且气温较低、土壤含水量增大,烂种、死苗现象时有发生,造成单产降低,效益下降,甚至绝产。

四、茎尖组织培养繁育

1. 繁育方法

将选育出的山药浅埋在细沙中催芽,长出幼苗后,将幼苗切成长 3cm 的苗茎段,在超净工作台上切取 $0.2\sim0.4$mm 的茎尖,消毒后在培养基上培育成苗。再将培育苗的茎尖接种在培养基上,继代培养 30d 后观察组培苗的高度、分枝数、繁殖系数等。理想组培苗的平均高为 6.1cm,平均分枝数为 4.9 个,繁殖系数为 6。

2. 优缺点

利用茎尖组织培养繁育山药,不仅可以获得优良性状的植株,而且可以保持种性纯度,改善品质。此外,此法培育的山药大多具有生长速度快、苗健壮的特点,并可在较短时间内获得大量的种苗,降低成本并提高效率,故可通过茎尖组织培养繁育山药的手段,实现山药的快速繁育,以满足市场需求。此方法的缺点为进行组织培养时要求一定的技术和条件,农民基本无法进行。

第九章　山药的开发与利用

第一节　山药的有效成分及功效

一、山药的有效成分

1. 淀粉

山药淀粉中抗性淀粉含量较高,具有较强的抗酸解及酶解性。抗性淀粉具有降低血清胆固醇含量,增加大肠内容物和排泄物,改善肠道微生物菌群,增加大肠中短链脂肪酸含量等功能,故认为淀粉为山药有效成分之一。有研究表明,在不同山药淀粉中直链淀粉含量占 $20.74\%\sim25.94\%$。电镜扫描结果显示,山药淀粉颗粒呈广椭圆形及椭圆形。淀粉颗粒大小主要在 $8\sim80\mu m$ 范围内。且山药淀粉与普通玉米、小麦、马铃薯淀粉相比有较高的变性温度。

2. 尿囊素

尿囊素属咪唑类杂环化合物(1-脲基间二氮杂戊烷-2,4-二酮)。尿囊素可促进组织细胞生长,加快伤口愈合,且对于鱼鳞病、银屑病、多种角化性皮肤病的治疗有一定效果。有研究表明,山药皮中富含尿囊素,白雁等 HPLC 法测定山药中尿囊素的含量,山药尿囊素含量可高达 0.67%。

3. 山药醇提物

有研究表明,山药中可鉴定出 12 个化合物,分别为棕榈酸、

ß-谷甾醇、油酸、ß-谷甾醇醋酸酯、5-羟甲基-糠醛、壬二酸、ß-胡萝卜苷、柠檬酸单甲酯、柠檬酸双甲酯、柠檬酸三甲酯、环(苯丙氨酸—酪氨酸)、环(酪氨酸—酪氨酸),说明山药具有舒张血管、减慢心律和抑制血小板聚集等生理活性。

4. 山药多糖

山药多糖是目前公认的最有效的活性成分,也是山药化学和药理研究的重点和热点。山药多糖是山药的主要活性成分,其结构非常复杂。实验研究表明,山药多糖具有调节人体免疫功能、调节血糖、抗氧化、抗衰老、抗肿瘤等多种作用。

二、山药的功效

1. 降糖

黄绍华、胡国强等研究发现,山药粉中含有 3 种山药多糖(YP、MYP、YPc),而山药多糖中的主要单糖是葡萄糖、甘露糖和半乳糖。多糖通过抑制 α-淀粉酶可以阻碍食物中碳水化合物的水解和消化,减少糖分的吸收,降低血糖和血脂含量水平值,同时升高 C 肽含量,因而能增加胰岛素的分泌、改善受损的胰岛 ß 细胞功能,对糖尿病有治疗作用。

2. 抗衰老

机体衰老的原因在于脂质过氧化中间产物导致蛋白质分子的聚合,最终产物丙二醛引起蛋白质分子交联,细胞膜不饱和脂肪酸减少,影响了细胞膜流动性。研究证明,山药蛋白多糖对活性氧自由基有良好的清除作用,并与维生素 C 相当;山药蛋白多糖对小鼠肝组织脂质过氧化反应和小鼠红细胞溶血具有抑制作用。

3. 调节免疫

研究证明,山药多糖可以促进伴刀豆凝集素 A 造成的胸腺依赖性淋巴细胞增殖,多糖在 O-6 部位的甘露糖残基对免疫活性表达非常重要。赵国华以荷瘤小鼠为实验模型,证明山药多糖 RDPS - I 可显著增强荷瘤小鼠 T 淋巴细胞增殖能力、NK 细胞活性、小鼠脾脏细胞产生 L - 2 的能力及腹腔巨噬细胞产生 TNF - a 的能力。

4. 抗突变

阚建全等采用 Ames 标准平板掺入法测定山药多糖体外抗突变作用。在鼠伤寒沙门氏需组氨酸营养缺陷型菌株 TA97、TA98、TA100 中,山药多糖对 3 种致突变物 2 - 氨基芴(2 - AF)、苯并芘(B[a]P)、黄曲霉毒素 B1(AFBl)的活性均有抑制作用。研究同时证明,山药活性多糖的抗突变作用主要是通过抑制突变物对菌株的致突变作用而实现的。

5. 降血脂

Hsiao - Ling Chen 等给 Balb/c 系小鼠喂 25% 及 50% 的基隆山药。小鼠胃绒毛厚度减少,小肠绒毛层亮氨酸氨肽酶活性增加 30%,蔗糖酶活性降低 40%;不间断饲喂小鼠 50% 山药可增加血浆及肝脏中胆固醇剖面。与正常进食小鼠相比,饲喂小鼠生长率不变但相似蛋白吸收率降低。饲喂 25% 的山药仅能降低小鼠血浆中低密度脂蛋白的含量。喂食台农二号山药,小鼠小肠绒毛层亮氨酸氨肽酶活性增加,蔗糖酶活性降低。饲喂 5% 台农山药可调节小鼠肠道内酶的活性,但无血浆及胆固醇水平影响。饲喂 50% 山药的小鼠血浆及胆固醇水平受到调节,脂肪吸收减少,排泄物中中性甾类及胆汁酸增加。

第二节　山药产品的开发与利用

种植和开发利用山药,具有很高的社会、经济效益。宁海县等地通过引种示范,平均亩产值在 2 万元以上,他们计划扩大种植面积,并进行加工方面的研究。但是,综合开发利用山药资源是一项系统工程,需要种植、收获、贮存、加工和销售等各个环节的紧密配合。目前,山药可以开发的项目很多,有速冻山药、山药鲜切片、山药罐头、山药牛奶乳酸复合饮料、山药粉和药材加工等。

(一)速冻山药

1. 工艺流程

原料采收→原料处理(去泥、切段)→护色→清洗→漂烫→冷却→滤水→布料→单体快速冻结→定量包装→冷藏。

2. 操作要点

将山药表面的泥沙洗净,修整头尾并按 15cm 或 20cm 长度切段,及时投入到护色液中。护色液配比为:亚硫酸钠 0.05%+柠檬酸 0.15%+抗坏血酸 0.05%。然后清洗 3~4 次,洗净黏糊在山药表面的护色液,进行烫漂,水温保持 95~100℃,烫漂时间 1~1.5min。烫漂完毕,快速降温冷却,沥干山药切段表面水分,进行单体快速冻结,一般速冻时制冷气流的蒸发温度为 -45~-40℃,室温维持在 -33℃以下,冷风速度一般在 5~15 m/s。流化床冻结时间最长不超过 15min,隧道冻结要一次装满,待中心温度低于 -18℃后才能出货。在 -10℃ 的低温下进行分级包装,防止因包装温度过高而引起山药表面结霜,应及时送入冷库贮藏。库温保持在 -18℃以下,并尽量使温度保持恒定。

(二)山药鲜切片

1. 工艺流程

选料→清洗去皮→切分→烫漂→冷却沥水→褐变抑制剂溶液处理→装袋贮藏(低温 4℃)。

2. 操作要点

选择成熟、新鲜、形状整齐、肉质细而白嫩的山药为原料。

用流动清水充分洗涤,再用去皮机去掉表皮,至无根须、无孔眼为止。然后切成 5～6cm 规格的薄片,切片后马上进行烫漂,温度 90℃,时间 1～2min。烫漂完成后投入 0℃水中充分冷却。冷却后投入褐变抑制剂溶液浸泡 0.5h,褐变抑制剂溶液配比为: $0.15\%Zn(Ac)_2 + 0.1\%NaHSO_3 + 1.5\%NaCl + 1.0\%CaCl_2$。之后,捞出采用柔性振动和吹风相结合的方法,将水分沥干。按照不同规格的重量,装入袋中或托盘中,在 2～4℃的环境中运输与贮藏。

在 1 周的货架期内,鲜切山药片组织形态完整、坚实、色泽正常乳白、黏液无明显增加。除菌落总数由原始的 100cfu/g 增长为第 7d 的 800cfu/g 外,其他指标变化不明显,各项微生物指标均低于有关标准,符合产品安全卫生的质量要求。

(三)山药罐头

1. 工艺流程

选料→预处理→料液配制→装罐→排气→密封→杀菌→冷却→保温→检验。

2. 操作要点

选择成熟、新鲜、形状整齐、根须少、肉质细腻白嫩的山药为原料。洗净去皮后切成约 2cm 的小段,放置于洁净凉水中浸泡 2～4h,充分洗掉黏液,捞出沥干备用。装罐液中调配柠檬酸含量为 0.1%～0.25%(调 pH 值为 3 左右),氯化钠含量为 0.5%,煮沸过滤后立即趁热灌装,每罐注意留顶隙 6～8mm。装罐后在 85～90℃下排气 10～15min,当罐中心温度达 80℃以上时,迅速用封罐机封口密封。送入杀菌釜中进行杀菌。杀菌公式为: $10'-2'-10'/100℃$。而后用热水分段冷却至 40℃左右。制好的罐头置于$(27\pm2)℃$的保温库中,保温 5～7d 后进行打检,要求罐内薯块无杂色、汁液透亮。剔除胖罐、漏罐、汁液混浊罐等不合格品。

山药清水罐头具有新鲜山药应有的色泽、滋味和气味,无褐变。山药块无明显裂纹,罐内无沉淀无混浊,口感保持新鲜山药特有的脆度。

(四)山药系列饮料的开发

1. 山药牛奶乳酸复合饮料

(1)工艺流程。

牛乳、白砂糖→溶解过滤 ─────────────────┐

鲜山药→清洗→去皮→切块→护色→破碎→压榨→过滤→山药汁→混合→灭菌→冷却→接种→发酵→调配→匀质→灌装、封口→成品

(2)操作要点。

①山药预处理。用清水浸泡洗掉山药上的泥土及其他残留物,将山药去皮后切成块,使用防护液进行护色处理。防护液配方组合为:亚硫酸钠 0.05%、柠檬酸 0.15% 和抗坏血酸 0.05%。护色后的山药块再破碎进行榨汁,将收集的山药汁加入果胶酶,澄清过滤后待用。

②牛乳的发酵。牛乳、白砂糖(10%)溶解过滤后与山药汁(20%)混合,灭菌后冷却至 43℃,接入扩大培养好的保加利亚乳杆菌和嗜热链球菌(比例为 1∶1),接种量为总量的 4%,接种后发酵温度控制在 43℃,时间约为 3~5h,发酵终了 pH 值在3.5 左右。

③辅料的处理。稳定剂 CMC‐Na 0.1%、PGA 0.15%、乳化剂 SE‐15 0.1%、单甘酯 0.1%~0.15% 要加水溶解,再用胶体磨磨细。调配时应先经过灭菌。

④调配方法。将灭菌的 OMC‐Na、PGA 及其他辅料装入调配罐,慢慢加入酸乳,边加边搅拌,要求混合均匀。

⑤均质。经 20～40MPa 高压均质,形成均匀稳定的体系。

⑥灌装。山药牛奶乳酸复合饮料呈乳白色均匀液体,不分层,口感酸甜适口,营养丰富,易于消化吸收。

2.普通饮料调制

(1)工艺流程。

原料验收→清洗→去皮→切片→护色→粉碎→均质→杀菌→罐装。

(2)操作要点。

①原料选用。原料应选成熟度适中、无霉烂、无病虫害和机械损伤的新鲜山药,并进行预处理,浸泡清洗干净后,将表皮去净。

②切片。将去除表皮后的山药切成 1cm 厚的薄片。

③护色处理。将山药薄片放入 0.2% 的柠檬酸水溶液中,然后将溶液加热到 90～93℃,加热过程中不时搅拌,并保持 5min。

④粉碎。将护色过的原料用冷水冲洗后,按原料:水=1:3 的比例加入处理水,将原料用组织捣碎机粉碎。

⑤成品。继上述处理后,在原料液中再加入 0.15% 的海藻酸钠和 0.1% 的 CMC‐Na 作悬浮剂制成原汁型饮料初制品。原汁型饮料中加入适量白糖、有机酸即成为调味型饮料初制品。上述饮料初制品在 60～80℃、20MPa 以上工作压力均质 1 次。采用温度 121℃,时间 10min 的高压杀菌或采用其他杀菌方法杀菌后灌装即为成品饮料产品。

(五)山药粉

1.工艺流程

选料→清洗→去皮→切片→固化→烫漂→烘干→粉碎→包装。

2. 操作要点

(1)选料、清洗、去皮。选择光滑、无病斑、条形直顺的新鲜山药;将山药去除泥污,在流动的清水中清洗干净;刮去外表皮,并挖除黑色斑眼。

(2)切片。将去皮后的山药,切成 0.2~0.3cm 厚的薄片。

(3)固化、烫漂。山药切片后立即浸入 0.5%亚硫酸氢钠水溶液中进行固化处理,切片要全部浸没在溶液中,以防变色,浸泡 2~3h 后捞出;将捞出的山药片用清水漂去药液和胶体,然后放入沸水锅中烫漂 6~8min,捞出后再用清水漂去黏液。

(4)烘干。将烫漂后的山药片置 60~65℃烘房或烘箱内烘 20h。在烘干过程中应注意倒盘 1~2 次,使山药片烘烤均匀一致。

(5)粉碎。将烘干后的山药片用电磨加工成粉。

(6)包装。将山药粉按 250~1 000g 不等的重量包装好,即为成品。

(六)山药仿生食品加工

山药肉质细嫩,含有极丰富的营养物质。以山药为主、辅以魔芋做成的仿生食品,具有营养丰富、滋补健身、养颜美容之功效、素有"小人参"之称,是不可多得的健康营养美食。

1. 工艺流程

去皮切片→浸漂→烘干→磨碎→山药精粉膨化→精炼→成形→分切→浸漂→包装→灭菌→成品。

2. 操作要点

(1)去皮、切片。将山药去皮后切成长度为 12cm、厚度为 2cm 的长方形块状,宽度可根据山药的大小而定。

(2)浸漂。放入保鲜剂(焦亚硫酸钠)中浸漂 2~4h、保持其原有的白色。

(3)烘干。放入烘房内烘烤 12h。

(4)磨碎。磨成精粉。

(5)膨化成型。称取 10.5kg 色拉油在旺火上烧,再倒入适量单甘脂,搅拌均匀,待油烧至冒烟时取下备用,准确称取 72℃的开水于膨化桶内开机搅拌,接着先倒入已制好的色拉油,此时出现大量泡沫,再倒入防腐剂山梨酸钾、山药精粉及魔芋精粉,边加边搅拌,直到物料黏稠为止,静止 2h 膨化。

(6)精炼。准确称取固化剂(石灰),按比例加水溶解,使 pH 值达到 12,用 120 目筛过滤备用。精炼前观察物料膨化是否完全,然后将膨化好的物料加入固化液精炼,使固化液均匀分散在物料中,并使固化液与物料粘成一团不得分散。

(7)成形。将精炼好的物料通过管道或模具中蒸煮成形。

(8)分切。将熟固的半成品捞出放到周转车内用冷水浸漂冷却,根据需要在分切机内进行分切。

(9)浸漂。放入 pH 值为 11.3～11.9 的石灰水,每天换液 1～2 次,浸漂 2～3d。

(10)包装。中包装材料采用热塑料袋,真空封口机进行封口。

(11)灭菌。采用蒸煮法,水温保持在 85～90℃,灭菌时间根据产品而定,凡带色的产品灭菌 20min,未带色产品灭菌 50min。灭菌后即得成品。

(七)山药药材加工

山药可治诸虚百损、疗五劳七伤,可降血压,延缓衰老,具有一定的抗肿瘤作用。山药中所含的尿囊素,具有麻醉镇痛的作用,可促进上皮生长、消炎和抑菌,常用于治疗手足皲裂、鱼鳞病和多种角化性皮肤病。

山药作为药用,需要对鲜山药进行加工,制成毛山药(毛条)

或光山药(光条)。

1. 山药毛条加工

加工前选长 20cm 以上、直径 3cm 左右、无病虫害霉烂部分以及条直的山药块茎。将块茎先端全部切除,然后将块茎放入水中洗净泥土,泡在水中用竹刀刮净外皮及须根,最后放入熏炉中熏干。每 100kg 去皮鲜山药用硫磺 0.5～1.0kg,熏蒸 12h 左右。如山药含水率较高,可适当延长熏蒸时间。熏炉用砖砌成,一般长 1.6m、宽 1.2～1.4m、高 1.2m。熏炉下部一侧设一炉口,炉口宽和高各 12cm 左右,里面放入燃硫容器。炉内四周用砖支起,在离地面 20cm 处加上一排木条,间隔 20～30cm,将山药块茎放在木条上,然后再烘干即可。用火烤烘干时,火力要小而匀,防止烤焦块茎或造成外干里湿、发空等现象。毛条加工完成后,表面应该达到黄白色或棕黄色,纵皱及栓皮明显,断面洁白色,并有少量须根痕,质地坚实而不易折断,直径在 1.5cm 以上,味甘、微酸、嚼之发黏。

2. 光山药(光条)加工

光山药一般由毛条山药进一步加工而成。首先在块茎熏硫后,趁其尚软时放在光滑桌案上,再用一光滑小木板把山药搓成圆柱形(如果山药已经干燥,需用净水泡软无干心时再搓);然后用刀切齐、晒干,用小刀刮净山药块茎上的病斑及残存表皮,再用细木沙纸搓磨,直至山药块茎外表光滑洁白,两端平齐。

3. 山药片炮制

山药加工成光条后还不能直接入药,一般须先切成山药片,再经麸皮炒炮制才可入药。具体方法是:按山药片 10kg,麸皮 2kg,生蜂蜜 100g,白酒(50°左右)50ml 的比例配料。炮制前,将麸皮、蜂蜜和白酒拌匀置于锅内,炒至冒烟时,倒入山药片并不断翻搅,用中火炒至山药片发黄为止,放凉后筛去麸皮即成。

炮制山药片也可取碾细过筛的灶心土置于热锅中,加入经过挑选大小一致的生药片,然后均匀翻炒,当感觉药片自硬变软,又由软开始变硬时即可出锅,筛去土后平摊放凉装入纸袋。

主要参考文献

[1] 薛金国. 鳞茎鲜切花之王——百合[M]. 郑州:中原农民出版社,2006.

[2] 丁赢等. 山药穿山龙[M]. 北京:中国中医药出版社,2001.

[3] 付静. 百合的形态特征及栽培技术[J]. 现代农业科技,2013(22): 146,162.

[4] 王强. 百合栽培的大棚环境控制[J]. 中国花卉园艺,2007(2): 40-41.

[5] 刘阳华,刘志华. 扁山药品种比较试验[J]. 长江蔬菜,2009(6): 27-28.

[6] 傅桂明,刘成梅,涂宗财. 百合的保健功能和产品开发进展[J]. 食品研究与开发,2001,22(2):48-50.

[7] 杜英祥,吉海军,商万有. 百合的开发价值研究[J]. 吉林农业, 2011(5):316.

[8] 肖农,黄启元. 百合高效栽培技术[J]. 现代农业科技,2010 (13):122.

[9] 吕榕辉. 百合病虫的发生与防治技术[J]. 植物医生,2009(1): 26-27.

[10] 文秋生,尹平孙. 百合的采收与沙藏[J]. 农村实用技术,2003 (12):52.

[11] 陶武,杨志新,杨智娟,等. 百合设施高效丰产栽培技术[J]. 现代园艺,2015(11):43-44.

[12] 李金枝,何光源.百合切花保鲜的研究进展[J].湖北农业科学,2008,47(6):720-722.

[13] 易任文.百合切花生产技术[J].花卉,2009(7):8-9.

[14] 单艳,李枝林,赵辉.百合鳞片扦插繁殖技术研究综述[J].中国农学通报,22(8):365-368.

[15] 李继光,百合良种培育方法[J].农村实用科技信息,2001(5)17-18.

[16] 李琼,李志光,刘海林,等.药用百合多糖研究进展[J].天津化工,2009,23(7):5-7.

[17] 李溪.早春黄瓜—晚稻—百合水旱轮作栽培技术[J].种子科技,2016(6):63.

[18] 王声淼."百合—鲜食甜玉米"一年两熟高产高效栽培技术[J].农村百事通,2014(5):32-33.

[19] 刘兵.留种百合贮藏要点[J].河南农业,2005(6):21.

[20] 徐琼,冯玮弘,张文利,等.观赏百合切花循环高效栽培模式试验[J].北方园艺,2010(1):122-125.

[21] 林鹏,李银保.山药的化学成分及其生物活性研究进展[J].广东化工,2015(23):118-119.

[22] 陈佳希,李多伟.山药的功能及有效成分研究进展[J].西北药学杂志,2010,25(5):398-400.

[23] 韩茹茹.山药无公害栽培技术[J].农民致富之友,2015(24):222.

[24] 李兆防.山药的无性繁育方法及其优缺点[J].长江蔬菜,2012(1):29-30.

[25] 刘博艳,赵菲.山药高产栽培技术[J].科学与财富,2015(15):70.

[26] 张红霞.山药栽培品种研究的进展[J].现代园艺,2015(2):35-37.

[27] 宋君柳.山药品种资源及化学成分研究进展[J].长江蔬菜(学术

版),2009(6):1-5.

[28] 杭悦宇,秦慧贞,丁志遵.山药新药源的调查和质量研究[J].植物资源与环境,1992,1(2):10-15.

[29] 曹晗.山药栽培常见病害及防治[J].中国农业信息,2015(9):18.